职业教育课程改革成果教材

计算机应用基础项目教程
第 2 版

主　编　周大勇
副主编　孙日升　赵　艳
参　编　杨　羽　袁秋芹　彭彬林　　袁开华
　　　　龚　晖　周子轩　端木祥慧　陈永梅
　　　　岳继红　廖开喜　魏启凌　　陈俊丹
主　审　余忠平　燕　宏

机械工业出版社

本书根据教育部颁布的《计算机应用基础教学大纲》的要求，结合全国计算机等级考试(一级)和全国计算机信息高新技术考试办公软件应用模块(中级)的考试大纲，按照项目式教学法、工学一体化课程教学改革的教学理念，并结合编者多年教学经验，提炼大量代表性学习任务编写而成。本书采用了任务驱动的编写方式，每个学习任务分为任务描述、任务分析、任务引导、任务实施、任务拓展、任务考核、任务评价7个环节。用具体、实用的任务吸引学生，激发学生的学习兴趣，充分发挥其主体作用。

本书以 Windows 7 操作系统及 Office 2010 应用软件为平台，主要包括计算机基础知识与操作、Windows 7 应用与操作、Word 2010 应用与操作、Excel 2010 应用与操作、PowerPoint 2010 应用与操作、网络应用与操作6个项目，25个代表性学习任务。

本书可作为职业技术院校的计算机应用基础课教材，也可作为计算机等级考试(一级)、办公软件应用模块(中级)考试以及各类计算机培训班的教材，还可作为计算机爱好者学习计算机应用基础的自学参考书。

为方便教师教学和学生自学，本书配备了电子课件、二维码教学视频、学习素材、习题答案等丰富的数字化教学资源，使用本书者可到机工教育服务网上免费下载。

作为"互联网+"一体化教材，本书配备的超星混合式教学资源包可协助教师实现线上线下混合式教学。

图书在版编目(CIP)数据

计算机应用基础项目教程／周大勇主编．—2版．—北京：机械工业出版社，2019.4（2024.9重印）
职业教育课程改革成果教材
ISBN 978-7-111-62876-7

Ⅰ.①计… Ⅱ.①周… Ⅲ.①电子计算机-职业教育-教材 Ⅳ.①TP3

中国版本图书馆 CIP 数据核字(2019)第105970号

机械工业出版社(北京市百万庄大街22号 邮政编码100037)
策划编辑：宋 华 责任编辑：宋 华 王 荣
责任校对：赵 燕 封面设计：马精明
责任印制：单爱军
北京虎彩文化传播有限公司印刷
2024年9月第2版第7次印刷
184mm×260mm・14.5印张・331千字
标准书号：ISBN 978-7-111-62876-7
定价：45.00元

电话服务 网络服务
客服电话：010-88361066 机 工 官 网：www.cmpbook.com
　　　　　010-88379833 机 工 官 博：weibo.com/cmp1952
　　　　　010-68326294 金 书 网：www.golden-book.com
封底无防伪标均为盗版 机工教育服务网：www.cmpedu.com

PREFACE 前言

根据教育部颁布的《计算机应用基础教学大纲》的要求,结合全国计算机等级考试(一级)和全国计算机信息高新技术考试办公软件应用模块(中级)的考试大纲,遵循项目式教学法、工学一体化课程教学改革的教学理念,编者精心提炼出代表性学习任务,组织编写了本教材。

本书采用了任务驱动的编写方式,每个学习任务分为任务描述、任务分析、任务引导、任务实施、任务拓展、任务考核、任务评价7个环节。首先通过"任务描述"提出要完成的任务,然后在"任务分析"环节分析任务包含的知识技能点、解决问题的方法和学习目标,进而通过"任务引导"讲述相关的概念和知识,在"任务实施"环节详细讲述解决问题、完成任务的方法与步骤,在"任务拓展"环节对本任务的学习进行补充和拓展,通过"实战演练"和"小试牛刀"对学生进行考核,最后用详细的评价细则表对学习情况进行评价,培养学生总结和反思的习惯。旨在用具体、实用的任务吸引学生,激发学生的学习兴趣,充分发挥其主体作用,学生通过每一个任务的学习都能学到新的知识,学会解决一个新的实际问题,培养其成就感和自信心。本书具有内容丰富、任务经典、结构清晰、步骤翔实、图文并茂、通俗易懂等特点,非常适合作为职业技术院校的计算机应用基础课教材,也可以作为计算机等级考试、办公软件应用模块(中级)考试以及各类计算机培训班的教材,还可以作为计算机爱好者学习计算机应用基础的自学参考书。

本书以 Windows 7 操作系统及 Office 2010 应用软件为平台,包括计算机基础知识与操作、Windows 7 应用与操作、Word 2010 应用与操作、Excel 2010 应用与操作、PowerPoint 2010 应用与操作、网络应用与操作6个项目。本书共设计了25个具有代表性的学习任务,各任务相对独立,教师可根据学生情况、学时数等具体情况灵活选讲或选学,不强求全部通讲,可以留一些任务让学有余力的学生自学。

为方便教师教学和学生自学,本书配备了丰富的数字化教学资源,如超星混合式教学资源包、配套电子课件、二维码教学视频、学习素材、习题答案等,可通过机工教育服务网免费下载。

本书由周大勇任主编,孙日升、赵艳任副主编,余忠平、燕宏主审,参加本书编写的人员还有杨羽、袁秋芹、彭彬林、袁开华、龚晖、周子轩、端木祥慧、陈永梅、岳继红、廖开喜、魏启凌、陈俊丹。

本书编写过程中参阅和借鉴了部分专家、教师的教材和互联网上的部分资料,在此一并向这些专家、教师及资料的作者表示诚挚的谢意。

由于计算机技术的发展日新月异,加之编者水平有限,书中错误、疏漏之处在所难免,恳请广大读者和有关专家、教师不吝批评指正,以便不断修订完善。

编 者

本书配套混合式教学包的获取与使用

本书配套数字资源已作为示范教学包上线超星学习通,教师可通过学习通获取本书配套的PPT课件、微课视频、在线测验、题库等。

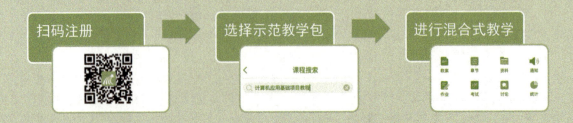

扫码下载学习通APP,手机注册,单击"我"→"新建课程"→"用示范教学包建课",搜索并选择"计算机应用基础项目教程"教学资源包,单击"建课",即可进行线上线下混合式教学。

教师让学生加入课程班级后就可以利用富媒体资源,配合本书,贯穿课前课中课后的日常教学全流程。与本书相关内容对应的数字化资源将在书中以图标形式予以提示。

扫码学习数字课程

CONTENTS 目录

前言

项目一　计算机基础知识与操作 …………………………………………………………… 1

任务一　计算机的简单操作 …………… 2
任务二　键盘和鼠标的操作 …………… 10
任务三　微型计算机外设的安装
　　　　与连接 …………………………… 18

项目二　Windows 7 应用与操作 …………………………………………………………… 33

任务一　设置丰富多彩的桌面 ………… 34
任务二　文件和文件夹的管理 ………… 45
任务三　"荷塘月色"图画的绘制 ……… 55
任务四　用户账户的管理 ………………… 61

项目三　Word 2010 应用与操作 …………………………………………………………… 71

任务一　感谢信的制作 ………………… 72
任务二　家书的制作 …………………… 81
任务三　课程表的制作 ………………… 89
任务四　荣誉证书的制作 ……………… 98
任务五　书刊页面的编排 ……………… 107
任务六　世界技能大赛宣传画
　　　　的制作 …………………………… 115

项目四　Excel 2010 应用与操作 …………………………………………………………… 123

任务一　员工信息表的制作 …………… 124
任务二　学生成绩汇总与分析表
　　　　的制作 ………………………… 133
任务三　销售情况表与图表的制作 …… 144
任务四　人事信息统计与分析 ………… 155

项目五　PowerPoint 2010 应用与操作 …………………………………………………… 165

任务一　古诗欣赏的制作 ……………… 166
任务二　会议字幕的制作 ……………… 173
任务三　生日贺卡的制作 ……………… 181
任务四　中国古典乐器简介的制作 …… 188

项目六　网络应用与操作 ……………………………………………………………… 197

任务一　接入互联网 ………………… 198　　任务三　收发电子邮件 ……………… 211

任务二　浏览搜狐网并搜索资料 …… 204　　任务四　**360** 安全卫士的使用 ……… 215

参考文献 ………………………………………………………………………………… 223

项目一
计算机基础知识与操作

任务一　计算机的简单操作
任务二　键盘和鼠标的操作
任务三　微型计算机外设的安装与连接

任务一　计算机的简单操作

任务描述

本任务要求学会计算机开机和关机等简单操作。与计算机开机和关机相关的按钮如图1-1所示。

图1-1　计算机的按钮

任务分析

本任务的主要内容是介绍计算机的简单操作,包括开机、关机、睡眠、重新启动等操作,计算机的日常维护等,以及计算机的发展及应用概况;重点是计算机的开机和关机操作。

通过本任务的学习,要达到以下目标:
1)了解计算机的发展历史及应用领域。
2)知道计算机的工作环境与维护常识。
3)学会计算机开机和关机等基本操作方法。

任务引导

一、计算机的诞生

1946年,在美国宾夕法尼亚大学,世界上第一台通用计算机 ENIAC(Electronic Numerical Integrator and Computer——电子数字积分计算机)诞生了,它标志着计算机时代的到来。

第一台通用计算机是为美国军方计算炮弹弹道和射击表而设计的,它的主要元器件是电子管。这台计算机重约30 t,功率为150 kW,每秒能完成5 000次加法运算,300多次乘法运算,比当时最快的计算工具快300倍。和今天的计算机相比,当然不值得一提,用今天的标准看,它是那样的"笨拙"和"低级",功能远不及一个掌上可编程计算器,但它使科学家从烦冗复杂的计算中解放出来,它的诞生标志着人类进入了一个崭新的信息革命时代。

二、开机与关机

正确的开、关机方法能保证计算机正常工作,延长计算机的使用寿命。

开、关机原则:保护主机免受瞬时电流冲击,并尽可能地避开电压的波动。任何电器设备在开、关瞬间均有不同程度的瞬时高压,并会产生电压波动,为避免因电压的不稳带给主板的冲击,开、关机时应按照正确的开、关机顺序进行。

1. 开机

开机时应先打开外部设备电源开关,再打开主机电源开关。

2. 关机

用完计算机以后应将其正确关闭,不仅可以节能,还有助于使计算机更安全,并确保数据得到保存。关机时应先关闭主机电源开关,再关闭外部设备电源开关。

3. 强制关机

关机时系统无法关闭或出现"死机"现象,则需要强制关机。

4. 重新启动

如果出现"死机"或键盘死锁等现象,则应重新启动。

5. 睡眠

计算机睡眠指计算机中的用户信息及状态均被保留在内存中,此时只有内存保持供电,而其他硬件停止供电,计算机处于省电模式。

6. 注销与切换用户

在同一台计算机中可以有多个不同的用户并存,可以从一个用户的工作界面切换到另一个用户的工作界面。

三、计算机的工作环境与维护常识

1. 计算机的工作环境

环境条件对计算机的正常运行和使用寿命都有很大的影响。环境条件主要包括灰尘、湿度、温度、光线、静电、电磁干扰和电网环境等几个方面。

2. 计算机的日常维护

计算机的日常维护分为硬维护和软维护两个方面。硬维护是指在硬件方面对计算机进行的维护,它包括计算机使用环境和各种器件的日常维护和工作时的注意事项等。软维护是指对计算机的软件方面的维护,如软件升级、扫描"木马"、查杀病毒等。

任务实施

1. 开机

首先接通 220 V 电源,然后打开显示器电源开关、音箱电源开关及其他相关外部设备的电源开关,当显示器、音箱等外部设备工作平稳后,再按下主机的电源开关。主机电源指示灯亮后表示计算机开机。开机后计算机将首先加电自检(POST),然后启动整个 Windows 7 系统,如图1-2所示。开机启动成功后,就会出现 Windows 7 桌面。

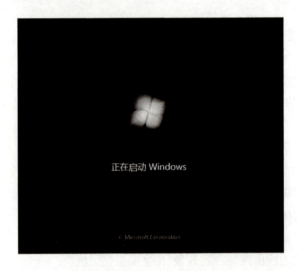

图1-2　Windows 7 启动界面

☞技巧点滴:由于很多用户的计算机一般只连接显示器这个外部设备,所以开机时,先开显示器,再开主机,等候计算机启动就可以了。

2. 关机

通常使用"开始"菜单上的"关机"按钮关机,操作步骤如下:

1)如图1-3所示,单击"开始"按钮 ,然后单击"开始"菜单右下角的"关机"按钮。

在单击"关机"按钮时,计算机关闭所有打开的程序以及 Windows 系统,然后完全关闭计算机。关机不会保存当前工作,因此必须首先保存好必要的文件。

2)确认主机电源已关闭(机箱前面板上的所有指示灯灭)后关闭显示器。

3)关闭其他已打开的外部设备。

在关机时,程序有时会阻止 Windows 系统正常关闭。如果发生这种情况,屏幕会变暗,并且 Windows 系统会指出哪些程序阻止计算机关闭,以及相关原因。变暗的屏幕显示两个按钮:"强制关闭"和"取消"。单击"强制关闭"按钮可关闭所有程序,然后关闭 Windows 系统和计算机。如果单击该按钮,则可能会丢失未保存的所有工作,所以如果需要保存文件,请单击"取消"按钮返回到 Windows 系统,然后保存当前工作。

图1-3　"开始"菜单

此外，还可使用<Alt+F4>组合键进行关机。在桌面空白处先单击一下，然后按住<Alt>键再按下<F4>键，屏幕就会弹出对话框，如图1-4所示。选择"关机"，单击"确定"按钮，可以正常关机。

图1-4 "关闭Windows"对话框

> ☞技巧点滴：如果是笔记本式计算机，有一种更为简单的计算机关闭方法：合上盖子。可以通过设置选择使计算机睡眠、关闭或进入其他节能状态。

3. 强制关机

按住机箱上的电源Power按钮（即开机按钮）几秒钟，计算机将会自动关闭。有时，需要断开计算机电源才能强制关机。

4. 重新启动

每次使用计算机只按一次电源Power按钮，如在使用过程中需重新启动计算机，可按以下步骤进行操作：

1) 打开"开始"菜单，单击"关机"按钮旁的小三角，如图1-5所示。
2) 将鼠标移至单击后出现在小三角旁的菜单内，单击"重新启动"，计算机可重新启动。

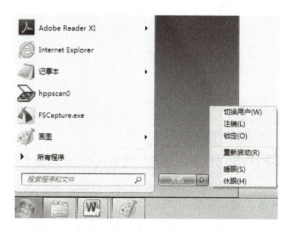

图1-5 "重新启动"界面

5. 睡眠

计算机的睡眠状态是一种节能状态，当希望再次开始工作时，可使计算机快速（通常在几秒钟之内)恢复全功率工作。操作步骤如下：

1）打开"开始"菜单，单击"关机"按钮旁的小三角，如图1-5所示。

2）将鼠标移至单击后出现在小三角旁的菜单内，单击"睡眠"，计算机屏幕熄灭，同时进入睡眠状态。

在大多数计算机上，可以通过按计算机电源按钮恢复工作状态。但是，也有计算机可能能够通过按键盘上的任意键、单击鼠标按钮或打开笔记本式计算机的盖子来唤醒计算机。

6. 注销和切换用户

Windows 7 支持多个不同的用户登录到同一台计算机。如果使用了某个用户登录到这台计算机以后，想要使用另一个不同的用户进行登录，则可以进行"注销"后再登录新用户，也可以直接切换用户。注销操作使当前用户身份被注销并退出操作系统，使计算机回到当前用户没有登录之前的状态。

> ☞技巧点滴：在系统无响应时，按<Ctrl + Alt + Del>组合键，在弹出的窗口中可以方便实现注销、切换用户、关机及启动任务管理器等工作。

7. 计算机的使用注意事项

为了保障计算机的正常工作，提高计算机的使用寿命，在日常使用中应注意以下几点：

1）保持计算机及工作环境的清洁，有计划地打扫卫生，因为灰尘是计算机的最大杀手。

2）不要频繁地开、关机，否则会缩短计算机的使用寿命。

3）当计算机正在工作时，切记不要断电，断电可能会引起计算机软、硬件故障。

4）要做好防毒、杀毒工作，病毒对计算机的危害已越来越大。

5）经常进行软件的日常维护，确保计算机处于最佳工作状态。

6）打开主机箱进行维护前，最好洗一下手或者触摸一下铁器一类的导电物质，将手上的静电放掉，因为静电足可击穿电子元器件。

一、计算机的发展历史

1. 第一代计算机——电子管计算机（1946—1958）

电子管为基本电子元器件；使用机器语言和汇编语言；主要应用于国防和科学计算；运算速度每秒几千次至几万次。

2. 第二代计算机——晶体管计算机（1958—1964）

晶体管为主要元器件，主存储器均采用磁芯存储器；软件上出现了操作系统和算法语言；运算速度每秒几十万次至几百万次；主要应用于数据处理。

3. 第三代计算机——集成电路计算机（1964—1971）

普遍采用集成电路，半导体存储器取代了磁芯存储器的主存储器的地位；体积缩小；运算速度每秒数百万次至数千万次；计算机广泛应用到各个领域。

4. 第四代计算机——大规模集成电路计算机（1971年至今）

以大规模或超大规模集成电路为主要元器件，运算速度每秒数亿次；微型计算机应运而生，计算机的性能迅速提高；计算机技术的进步加速了网络时代的发展。

新一代计算机系统又称第五代计算机系统，它是把信息采集、存储、处理、通信同人工智能结合在一起的智能计算机系统。新一代计算机系统是为适应未来社会信息化的要求而提出的，与前四代计算机有着质的区别。它不但能进行数值计算或处理一般的信息，而且主要面向知识处理，具有形式化推理、联想、学习和解释的能力，能够帮助人们进行判断、决策、开拓未知的领域和获取新的知识。人—机之间可以直接通过自然语言（声音、文字）或图形图像交换信息。

当今计算机正朝着巨型化、微型化、网络化和智能化方向发展，未来将会有更多新技术融入和推动计算机的发展。未来，计算机将有可能在光子计算机、生物计算机、量子计算机、纳米计算机等方面取得重大的突破。

我国从1953年开始研究，到1958年研制出了我国第一台小型电子管数字计算机103机。1983年，我国研制出了运算速度每秒1亿次的"银河"巨型电子计算机。1992年，研制出"银河—II"通用并行巨型计算机，峰值速度达到每秒10亿次。2017年11月，全球超级计算机500强榜单公布，"神威·太湖之光"超级计算机以每秒9.3亿亿次的浮点运算速度第四次夺冠。

> ☞技巧点滴：移动终端或者叫移动通信终端指可以在移动中使用的计算机设备，广义地讲包括手机、笔记本式计算机、平板计算机、POS机，甚至包括车载电脑，但是大部分情况下是指智能手机和平板计算机。

二、计算机的应用领域

计算机的应用领域已渗透到社会的各行各业，正在改变着传统的工作、学习和生活方式，推动着社会的发展。计算机的主要应用领域有如下几方面。

1. 科学计算（数值计算）

科学计算指利用计算机来完成科学研究和工程技术中遇到的数学问题的计算。在现代科学技术工作中，科学计算问题常常是庞大的和复杂的。利用计算机的高速计算、大存储容量和连续运行能力，可以求解人工无法解决的各种科学计算问题，如卫星轨道计算等。

2. 数据处理（信息处理）

数据处理指对各种数据进行收集、存储、整理、分类、统计、加工、利用、传播等一系列活动的统称。据统计，80%以上的计算机主要用于数据处理，这类工作量大、面宽，成为计算机应用的主要方向。

目前，数据处理已广泛地应用于办公自动化、企事业计算机辅助管理与决策、信息检索、图书管理、电影电视动画设计、会计电算化等行业。信息产业正在形成独立的产业，多媒体技术使信息展现在人们面前的不仅是数字和文字，也有声情并茂的声音和图像信息。

3. 计算机辅助技术

计算机辅助技术包括计算机辅助设计（Computer Aided Design，CAD）、计算机辅助制造（Computer Aided Manufacturing，CAM）和计算机辅助教学（Computer Aided Instruction，CAI）等。

4. 过程控制

过程控制也称实时控制，指利用计算机及时采集检测数据，按最优值迅速地对生产过程、制造过程或运行过程等控制对象进行自动调节或自动控制。采用计算机进行过程控制，不仅可以大大提高控制的自动化水平，还可以提高控制的及时性和准确性，从而改善劳动条件、提高产品质量及生产效率。

5. 人工智能

现在人工智能的研究已取得不少成果，有些已开始走向实用阶段。例如，人脸识别系统、高水平医学专家疾病诊疗系统、机器人、人机对弈等。由谷歌公司研发的人工智能围棋程序AlphaGo（阿尔法围棋）于2016年3月向当年的围棋世界冠军李世石发起挑战并获胜；2017年5月，人工智能围棋程序AlphaGo击败了当时世界排名第一的中国棋手柯洁九段。人工智能（Artificial Intelligence）是研究、开发用于模拟、延伸和扩展人的智能的理论、方法、技术及应用系统的一门新的技术科学，该领域的研究包括机器人、语言识别、图像识别、自然语言处理和专家系统等。

6. 网络应用

计算机技术与现代通信技术的结合构成了计算机网络。计算机网络的建立不仅解决了一个单位、一个地区、一个国家中计算机与计算机之间的通信，各种软、硬件资源的共享，还大大促进了文字、图像、视频和声音等各类数据的传输与处理。典型的应用有电子商务、远程教育等。

7. 多媒体应用

计算机多媒体技术是当今信息技术领域发展最快、最活跃的技术，是新一代电子技术发展和竞争的焦点。多媒体技术将计算机、声音、文本、图像、动画、视频和通信等多种功能融于一体，借助日益普及的高速信息网，可实现计算机的全球联网和信息资源共享，因此被广泛应用于咨询服务、图书、教育、通信、军事、金融、医疗等诸多行业，并在不知不觉中影响到了人们生活的很多方面。典型应用有流媒体、多媒体创作等。

任务考核

一、实战演练

开机，使计算机进入Windows 7操作系统的桌面，进行切换用户操作，进行重新启动计算机操作，进行正常关机操作。

二、小试牛刀

1. 1946年诞生的世界上第一台通用计算机的英文缩写名是_____。

A. ENIAC　　　　　B. EAIAC　　　　　C. EDCSA　　　　　D. CPU

2. Windows 7 支持_____个不同的用户登录到同一台计算机。

A. 1　　　　　　　　B. 2　　　　　　　　C. 3　　　　　　　　D. 多

3. 开机顺序正确的是_____。

A. 先开主机电源,再开外设电源　　　　B. 先开外设电源,再开主机电源

C. 没有规定的顺序　　　　　　　　　　D. 按下主机上的 Power 按钮就可以了

4. 使用_____组合键可以弹出"关闭 Windows"对话框。

A. < Ctrl + F4 >　　　　　　　　　　　B. < Ctrl + F2 >

C. < Alt + F3 >　　　　　　　　　　　D. < Alt + F4 >

5. 在系统无响应时,按_____组合键,在弹出的窗口中可实现注销等工作。

A. < Ctrl + Shift + Del >　　　　　　　B. < Alt + F4 >

C. < Ctrl + Alt + Del >　　　　　　　　D. < Alt + Del >

6. 第_____代计算机时期,软件上出现了操作系统和算法语言。

A. 一　　　　　　　　B. 二　　　　　　　　C. 三　　　　　　　　D. 四

7. 第四代计算机以_____为主要元器件。

A. 大规模或超大规模集成电路　　　　　B. 电子管

C. 晶体管　　　　　　　　　　　　　　D. 集成电路

8. 下列_____不是人工智能的研究领域。

A. 语言识别　　　　　　　　　　　　　B. 图像识别

C. 机器人　　　　　　　　　　　　　　D. Office 应用

9. 正确关闭计算机不仅可以节能,还有助于使计算机_____,并确保数据得到保存。

A. 更安全　　　　　B. 自动杀病毒　　　　C. 防止黑客攻击　　　　D. 更省电

10. 计算机科学的奠基人是_____。

A. 牛顿　　　　　　B. 比尔·盖茨　　　　C. 图灵　　　　　　　　D. 冯·诺依曼

任务评价

序号	任务评价细则	任务评价结果		
		自评	小组互评	师评
1	进行开机操作			
2	进行切换用户操作			
3	进行重新启动计算机操作			
4	进行正常关机操作			
5	小试牛刀掌握情况			
评价(A、B、C、D 分别表示优、良、合格、不合格)				
任务综合评价				

任务二 键盘和鼠标的操作

本任务要求学会键盘和鼠标的使用方法。键盘和鼠标的外形如图1-6所示。

a)   b)

图1-6 键盘和鼠标的外形
a) 标准键盘和鼠标   b) 人体工程学键盘和鼠标

本任务的主要内容是键盘及鼠标的基本操作方法和技巧,包括的知识要点有键盘布局、键盘的正确操作方法、鼠标的常用操作。重点操作是正确的姿势和规范的指法训练、鼠标的常用操作。

通过本任务的学习,要达到以下目标:
1) 熟悉键盘上各个键的用法。
2) 正确使用键盘录入英文字母。
3) 掌握鼠标的几种常用操作方法。

一、键盘

键盘是最常用的输入设备,通过键盘可以将英文字母、数字、标点符号等输入到计算机,从而向计算机发出命令、输入数据等。键盘在人与计算机进行信息交流过程中起到桥梁作用。掌握键盘的正确使用方法,养成良好的键盘操作习惯是非常重要的。

二、键盘种类

自从IBM PC推出以来,键盘经历了83键、84键和101键、102键几个时代。在Windows 95面世后,在 101 键盘的基础上改进成了 104/105 键盘,增加了 Windows 徽标键(<Winkey>键),现在很多键盘在 104 键键盘基础上加了 Power、Sleep、Wake Up 3 个键,成为 107 键盘。

1. 按接口方式分类

键盘按接口方式可分为 AT、PS/2 和 USB 接口三种。

2. 按外形分类

键盘按外形可分为标准键盘和人体工程学键盘,如图 1-6 所示。Microsoft 和 Logitech 是人体工程学键盘和鼠标设计的佼佼者。

3. 按键盘的工作原理和按键方式分类

键盘按工作原理和按键方式可以划分为四种:机械式键盘、塑料薄膜式键盘、导电橡胶式键盘、电容式键盘。

三、键盘构成

如图 1-7 所示,计算机键盘中的全部键按基本功能可分成四个键区和一个键盘工作状态指示区。四个键区分别是主键盘区(打字键区)、功能键区、编辑控制键区、数字键区。

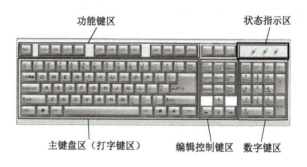

图 1-7 键盘分区

1. 主键盘区(打字键区)

主键盘区也称打字键区,它是进行输入工作最常用的区域,如图 1-8 所示。打字键区包括 58 个键,有字母键(A~Z),数字键(0~9),符号键(各种符号),特定功能键(<Shift>键、<Caps Lock>键、<Backspace>键、<Enter>键、<Space>键、<Ctrl>键、<Alt>键、<Tab>键)。

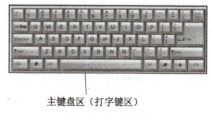

图 1-8 打字键区

(1)<Space>键(空格键) 位于打字键区下方的长条空白键。按一下此键,屏幕上将显示一个空格,光标向右移动一格。

(2)<Shift>键(换档键) 又叫上档键,主键盘的第四排左右两边各一个换档键,其功能是用于大小写转换以及上档符号的输入。操作时,先按住换档键,再按其他键,即输入该键的上档符号;不按换档键,直接按该键,则输入键面下方的符号。若先按住换档键,再按字母键,字母的大小写进行转换(即原为大写转为小写,或原为小写转为大写)。

（3）<Caps Lock>键（大写字母锁定键） 在主键盘区左边中间位置上，用于大小写输入状态的转换。通常（开机状态下）系统默认输入小写，按一次此键，键盘右上方中间 Caps Lock 指示灯亮，表示此时默认状态为大写，输入的字母为大写字母。再按一次此键 Caps Lock 指示灯灭，表示此时状态为小写，输入的字母为小写字母。

（4）<Enter>键（回车键） <Enter>键指标有"Enter"的键位，在键盘上共有两个这样的键，一个在打字键区，另一个在数字键区，其作用是一样的。在中、英文文字编辑软件中，此键具有换行功能，即当某段内容输入完后，按此键光标移至下一行行首。

（5）<Backspace>键（退格键） 按下此键将删除光标左侧的一个字符，光标向左移动一格。

（6）<Ctrl>键（控制键） 在主键盘下方左右各有一个标有"Ctrl"的键位，此键一般不能单独使用，与其他键组合使用可产生一些特定的功能。例如，<Ctrl+C>组合键具有复制的功能。用多个键来完成某一个特定功能，称为组合键（或称为复合功能键）。

（7）<Alt>键（转换键） 在主键盘下方靠近空格键处，左、右各一个，该键同样不能单独使用，用来与其他键配合产生一些特定功能。例如，在 Windows 操作中<Alt+F4>组合键是关闭当前程序窗口。

（8）<Tab>键（制表定位键） 按每一次，光标右移 8 个字符。

2. 功能键区

功能键区是键盘顶部的一排键，由 13 个键组成，最左侧的<Esc>键与其右侧的<F1>～<F12>键，如图 1-9 所示。各个功能键的作用在不同的软件中通常有不同的定义。

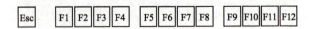

图 1-9 功能键区

（1）<Esc>键 强行退出键，又称取消键，位于键盘顶行最左边，作用是取消或中止当前操作。

（2）<F1>～<F12>键 功能键，各键的功能由不同的软件而定，并且用户可以自己定义。其作用在于用它来完成某些特殊的功能操作，可以简化操作、节省时间。

3. 编辑控制键区

编辑控制键区也称光标控制键区，位于主键盘和小键盘区的中间，主要用于控制或移动光标，如图 1-10 所示。

（1）<Print Screen SysRq>（<PrtSc>）键（屏幕截图键） 把屏幕当前的显示信息输出到打印机。在 Windows 系统中，如不连接打印机，则是复制当前屏幕内容到剪贴板，再粘贴到"画图"程序中，即可把当前屏幕内容抓成图片。如用<Alt+Print Screen SysRq>组合键，则截取当前窗口的图像而不是整个屏幕。

（2）<Scroll Lock>键（屏幕锁定键） 其功能是使屏幕暂停（锁定）或继续显示信息。按该键可以让屏幕内容不再滚动。再按则取消锁定状态。

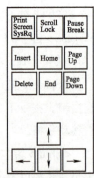

图 1-10 编辑控制键区

(3)＜Pause Break＞键(暂停键或中断键)　单独使用时是暂停键,其功能是暂停系统操作或屏幕显示输出。按一下此键,系统当时正在执行的操作暂停。当该键和＜Ctrl＞键配合使用时是中断键,其功能是强制中止当前程序运行。

(4)＜Insert＞键(插入键)　在编辑状态时,用做插入或改写状态的切换键。在插入状态下,输入的字符插入到光标处,同时光标右边的字符依次后移一个字符位置,在此状态下按＜Insert＞键后变为改写状态,这时在光标处输入的字符覆盖原来的字符。系统默认为插入状态。

(5)＜Delete＞键(删除键)　删除选定的内容或当前光标后面的一个字符,同时后面的字符依次前移到删除内容的位置。

(6)＜Home＞键(光标起始键)　根据不同的操作环境,其功能也不同。例如在Word编辑窗口中,按＜Home＞键可以快速移动光标至当前编辑行的行首。

(7)＜End＞键(光标归尾键)　编辑文本时,若光标不在最后,按下＜End＞键,光标会定位到最后面。如果是一篇文档,按＜Ctrl+End＞组合键,光标会定位到文档的最后。

(8)＜Page Up＞键(上翻页键)　光标快速上移一页。

(9)＜Page Down＞键(下翻页键)　光标快速下移一页。

(10)＜←＞键(光标左移键)　光标左移一个字符位置。

(11)＜→＞键(光标右移键)　光标右移一个字符位置。

(12)＜↑＞键(光标上移键)　光标上移一行,所在列不变。

(13)＜↓＞键(光标下移键)　光标下移一行,所在列不变。

＜Page Up＞和＜Page Down＞这两个键被统称为翻页键;＜←＞、＜↑＞、＜↓＞和＜→＞这4个键被统称为方向键或光标移动键。

4. 数字键区

数字键区也称副键盘,如图1-11所示。数字键区位于键盘的右下角,其主要用于数字符号的快速输入。在数字键盘中,大部分是双字键,各个数字符号键的分布紧凑、合理,适于单手操作。在录入内容为纯数字符号的文本时,使用数字小键盘比使用主键盘更方便,更有利于提高输入速度。

(1)＜Num Lock＞键(数字锁定键):此键用来控制数字键区的数字或光标控制键的状态。这是一个反复键,按下该键,键盘上的Num Lock灯亮,此时小键盘上的数字键可输入数字;再按一次＜Num Lock＞键,该指示灯灭,数字键作为光标移动键使用,所以数字锁定键又称数字或光标移动转换键。

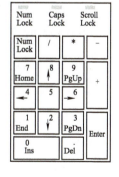

图1-11　数字键区

(2)小键盘区上的＜Del＞键、＜Ins＞键、＜↑＞键、＜↓＞键、＜→＞键、＜←＞键、＜PgUp＞键、＜PgDn＞键、＜Home＞键和＜End＞键的功能与编辑控制键区上的相应键的功能相同。

5. 状态指示区

键盘右上方还有3个指示灯(Num Lock指示灯、Caps Lock指示灯和Scroll Lock指示灯)。从指示灯的亮熄,操作者就能清楚地看出数字小键盘的状态、字母大小写的状态和滚动锁定键的状态。

四、鼠标的种类

鼠标是一种手持式的坐标定位部件,用来替代光标移动键进行光标定位,以及替代<Enter>键操作。1968年12月9日,鼠标诞生于美国斯坦福大学,它的发明者是道格拉斯·恩格尔巴特(Douglas C. Engelbart)。恩格尔巴特博士设计鼠标的初衷就是为了使计算机的操作更加简便,以便代替键盘复杂的指令。随着计算机在全球范围内的进一步普及和科技的进步,各种款式新颖的鼠标层出不穷。鼠标的技术演变历经了轮式机械鼠标、滚球机械鼠标、光电机械鼠标、光学鼠标(Optical Mouse)、激光鼠标(Laser Mouse)、蓝影鼠标、轨迹球(Trackball)、3D定位技术等。

如图1-12所示,鼠标按照与计算机的接口类型,可分为串口鼠标、PS/2鼠标、USB鼠标(多为光电鼠标)和无线鼠标(红外无线技术、射频无线技术、27MHz技术、2.4GHz技术、蓝牙技术)。

图1-12 串口鼠标、PS/2鼠标、USB鼠标和无线鼠标

任务实施

一、键盘的操作

1. 基准键位

键盘上有这么多键位,怎样才能准确敲击呢?首先应将手放在指定的位置。为了规范操作,计算机的主键盘区划分了一个区域,称为基准键位。基准键位有"A、S、D、F"和"J、K、L、;"8个键。准备操作键盘时,第一步就是将双手放在基准键位上,如图1-13所示。

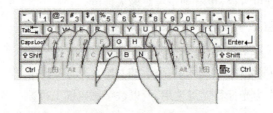

图1-13 基准键位

◇技巧点滴:在中间位置的<F>键和<J>键上各有一个突起的小横杠或小圆点,这是两个定位点,主要是为了方便寻找到基准键位。放手指时,先将左手的食指放在<F>键上,右手的食指放在<J>键上,其他的手指依次放下就可以了。

2. 手指的键位分工

在基准键位的基础上，必须对各个手指进行合理分工，即规定哪个手指负责控制哪些键，这样才能保证使用键盘有条不紊。手指的键位分工如图1-14所示，凡两斜线范围内的键位，都必须由规定的手的同一手指负责。这样，既便于操作，又便于记忆。

在操作键盘时，首先应将双手轻放于基准键位，左右拇指轻放于<Space>键。手掌以腕为支点略向上抬起，手指自然弯曲，以指头击键，不要以指尖击键，击键动作应轻快、干脆，不可用力过猛。敲键盘时，只有击键手指动作，其他不相关手指放在基准键位不动。手指击完键后，马上回到基准键位区相应位置，准备下一次击键。

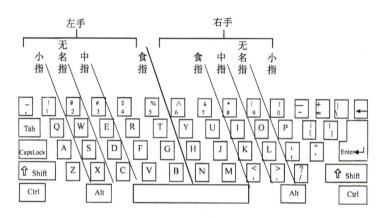

图1-14 手指的键位分工

二、鼠标的操作

1. 鼠标的握姿

在Windows界面下，鼠标控制着屏幕上的一个指针形光标。当鼠标移动时，鼠标光标就会随着鼠标的移动而在屏幕上移动，用来实现不同的功能。手握鼠标的正确方法是：食指和中指分别放置在鼠标的左键和右键上，拇指放在鼠标左侧，无名指和小指放在鼠标的右侧，拇指与无名指及小指轻轻握住鼠标；手掌心轻轻贴住鼠标后部，手腕自然垂放在桌面上，如图1-15所示。

2. 鼠标的常用操作

（1）指向　移动鼠标，使鼠标指针指向某一对象上的操作。

（2）单击　将鼠标指针指向某一对象，按下鼠标左键并立即释放，可以选定该对象或执行某个命令。

（3）双击　将鼠标指针指向某一对象，连续、快速地按两下鼠标左键，可以打开选定的对象或启动一个程序。

图1-15 鼠标握姿

（4）右击　将鼠标指针指向屏幕上的某个位置，快速按一下鼠标右键，然后立即释放。当在特定的对象上右击时，会弹出其快捷菜单，从而可以方便地完成对所选对象的操作。不同的对象会出现不同的快捷菜单。

（5）滚轮与中击　滚动滚轮实现滚动上下翻屏，中击滚轮视程序定义的不同，可进行翻屏或者弹出菜单。

（6）拖拉　按住鼠标左键不放，移动鼠标指针到指定位置后释放鼠标按键，可以移动选定的对象。

一、无线键盘与无线鼠标

无线键盘、无线鼠标是指无线缆直接连接到主机的键盘、鼠标，采用无线技术与计算机通信，从而省去电线的束缚。

无线键盘、无线鼠标的安装方法如下：

1）Windows 7 系统自带部分无线键盘、无线鼠标的驱动程序，否则就要使用产品附送的光盘或上网下载驱动安装程序，按提示进行安装。

2）插入无线接收器到计算机或便携式计算机的任何一个空闲的 USB 接口中，当红灯亮时，说明接收器已经启动。

3）将键盘和鼠标翻过来，打开上面的电池盖。

4）安装上电池并且盖上，然后把"ON/OFF"开关拨到"ON"的位置。

5）将键盘放平，把鼠标放在平滑的表面上，就可以正常使用了。

二、操作键盘的注意事项

1）操作者在计算机前要坐端正，不要弯腰低头或趴在操作台上，也不要把手腕、手臂依托在键盘上，否则不但影响美观，更会影响速度。另外，座位高低要适度，以手臂与键盘盘面水平为宜，座位过低容易疲劳，过高则不便操作。如果一开始就养成了错误的习惯，则以后是很难改正过来的。

2）打字时不要看键盘，即一定要学会"盲打"，这一点非常重要。初学时因记不住键位，往往忍不住要看着键盘打字，一定要避免这种情况，实在记不起来，可先看一下，然后移开眼睛，再按指法要求输入。只有这样，才能逐渐做到凭手感而不是凭记忆去体会每一个键的准确位置。

3）要严格按规范运指，既然各个手指已明确分工，就要各司其职，不要越权代劳，一旦按错了按键，一定要用右手小拇指按退格键，重新输入正确的字符。

4）注意击键手法，击键时力量要适中，不要忽大忽小。击键的节奏要均匀，不要忽快忽慢。

一、实战演练

1. 按正确的键盘操作指法,输入下面的两段英文。

China's space industry was launched in 1956. ShenZhou – 5 is the first manned spaceflight mission launched by China on 15 October, 2003. In 2013 ShenZhou – 10, the fifth manned spaceship, was launched successfully, laying the foundation for building the Chinese Space Station. China has reached a milestone in human history.

According to the Chinese lunar calendar, August 15 of every year is a traditional Chinese festival—the Mid – Autumn Festival. One of the important Mid – Autumn Festival activities is to eat moon cakes. Since 2008, the Mid – Autumn Festival has become an official national holiday in China.

2. 按正确的鼠标操作方法,完成以下操作。

(1)在 Windows 7 的桌面上,用鼠标单击选中"我的电脑"图标。

(2)用鼠标单击选中"回收站",将其图标拖拉到桌面的右下方,松开鼠标。

(3)双击打开"我的电脑",然后打开"E 盘"。

(4)在 E 盘的空白处右击,在弹出的快捷菜单中选择"新建"命令,然后新建文件夹。

二、小试牛刀

1. 按 < Alt + Print Screen SysRq > 组合键,截取_____图像而不是整个屏幕。

2. < Insert > 键在编辑状态时,用做_____状态的切换键。

3. _____键的功能是实现字母的大小写转换及上档符号的输入。

4. Caps Lock 指示灯亮时,输入的字母是_____状态。

5. 鼠标按照与计算机的接口类型,可分为串口鼠标、_____鼠标、_____鼠标和无线鼠标。

序号	任务评价细则	任务评价结果		
		自评	小组互评	师评
1	键盘操作指法			
2	鼠标操作方法			
3	实战演练完成情况			
4	小试牛刀掌握情况			
评价(A、B、C、D 分别表示优、良、合格、不合格)				
任务综合评价				

任务三　微型计算机外设的安装与连接

本任务主要是学会组装微型计算机,如图1-16所示。

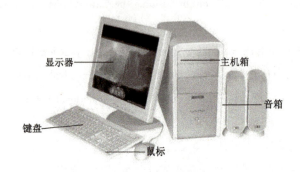

图1-16　微型计算机

在实际工作和生活中,经常要将微型计算机的各个部件进行连接,比如新买回来的计算机要把它连接起来;旧计算机搬动位置后可能要重新连接;键盘、鼠标等外设要进行维护与更换等。本任务的主要内容是微型计算机外设的连接与安装,包括的知识要点有计算机系统的组成,计算机的分类、微型计算机的硬件组成,微型计算机外设的接口与连接方法等。重点操作是微型计算机外设的安装与连接。

通过本任务的学习,要达到以下目标:
1)了解计算机系统的组成。
2)熟悉微型计算机的常见接口类型和作用。
3)学会微型计算机外设的安装与连接。

一、计算机系统的组成

日常所说的计算机,严格地说,都应称为计算机系统。一个完整的计算机系统主要由计算机硬件系统和计算机软件系统两大部分组成,如图1-17所示。

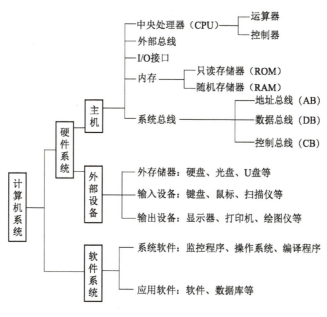

图1-17 计算机系统的组成

硬件系统是那些看得见的部件的总和。根据冯·诺依曼原理,一个完整的硬件系统必须包含五大功能部件,即运算器、控制器、存储器、输入设备和输出设备。每个功能部件各司其职、协调工作,缺少了其中任何一个就不能称其为计算机。

软件系统包括计算机正常使用所需的各种程序和数据,软件是所有的程序及有关技术文档资料的总和。计算机软件是为了更有效地利用计算机为人类工作,发挥计算机的功能而设计的程序。通常根据软件用途将其分为两大类,即系统软件和应用软件。

计算机硬件系统是物理上存在的实体,是构成计算机的各种物质实体的总和。计算机软件系统是通常所说的程序,是计算机上全部可运行程序的总和。只有这两者密切地结合在一起,才能成为一个正常工作的计算机系统,正常地发挥作用,这两者缺一不可。没有软件支持,再好的硬件配置也是毫无价值的;没有硬件,软件再好也没有用武之地。有人曾经做过这样的比喻:计算机系统中的硬件好比人的肉体(可以触摸),而软件好比人的灵魂(比较抽象的存在)。

二、计算机的分类

(1)按规模大小分类 计算机按其运算速度快慢、存储数据量的大小、功能的强弱,以及软件、硬件的配套规模等不同,可分为巨型机、大中型机、小型机、微型机、工作站等。其中,人们接触和使用最多的是微型计算机,简称微机,又叫个人计算机(Personal Computer,PC),俗称电脑。台式计算机、笔记本式计算机、一体式计算机、平板计算机等属于个人计算机。

(2)按字长分类 按字长可分为4位计算机、8位计算机、16位计算机、32位计算机、64位计算机。

(3)按用途分类 按计算机用途可分为通用机和专用机。

三、微型计算机的硬件组成

一台微型计算机硬件系统由主机箱、显示器、键盘、鼠标、音箱等设备组成。主机箱内安装有计算机的许多重要部件,包括主板、中央处理器(CPU)、硬盘、内存、光盘驱动器、显示卡、网卡等。

1. 主板

主板也叫母板,位于主机箱内底部的一块大型印制电路板,是计算机连接各种设备的载体,它是计算机中最重要的部件之一。主板板型有 AT、ATX、Micro ATX 和 BTX 等结构,主要生产厂家有华硕(ASUS)、微星(MSI)、技嘉(GIGABYTE)等。如图 1-18 所示,主板提供 CPU、各种接口卡、内存条和硬盘、光驱等的插槽,其他外部设备通过主板上的 I/O 接口连接到计算机上。主板主要集成以下部件:CPU 插座、北桥芯片、南桥芯片、内存储器插槽、扩充卡插槽(PCI、PCI Express、AGP)、硬盘/光驱插槽(IDE、SATA)、BIOS 等。

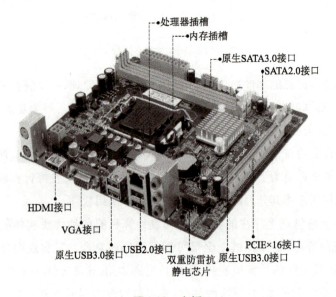

图 1-18 主板

2. 中央处理器

中央处理器(Central Processing Unit,CPU)是微型计算机硬件系统中的核心部件,主要由运算器和控制器组成。它品质的高低决定着一台计算机的档次。

CPU 的运算速度是用主频来表示的,即 CPU 内核工作的时钟频率。CPU 的工作频率(主频)包括两部分:外频与倍频,两者的乘积就是主频。倍频的全称为倍频系数。现在主流 CPU 的主频为 2.6GHz、3.0GHz、3.06GHz 等。字长指 CPU 一次可处理的二进制数字的位数,即计算机内部参与运算的数据的位数。字长直接反映了一台计算机的计算精度。

目前制造微型计算机 CPU 的厂商主要有 Intel 公司和 AMD 公司。图 1-19 所示为 Intel 公司生产的 Intel 酷睿 i7 920 CPU 的正面和反面实物图,其内核为四核心,主频为 2 660 MHz,外频为 133 MHz,倍频为 20 倍,总线数据传输率为 4.8 GT/s。图 1-20 所示为 Intel 公司于 2017 年 5 月发布的酷睿 i9 处理器实物图。酷睿 i9 处理器最多包含 18 个内核,主要面向游戏玩家和高性能需求者。

图 1-19　i7 920 CPU

图 1-20　i9X-series CPU

3. 存储器

存储器是计算机的记忆部件,用于存放程序、原始数据和最后结果等信息。根据作用的不同,它分为内存储器和外存储器两大类,随着网络技术的发展,又出现了网络存储器。

(1)内存储器(主存)　简称内存,通常安装在主板上,内存分为随机存储器(Random Access Memory,RAM)和只读存储器(Read Only Memory,ROM)。图 1-21 所示分别为 DDR3、DDR4 内存条。生产内存条的厂商有威刚(ADATA)、金士顿(Kingston)等。内存容量即内存大小,有 1GB、2GB、4GB 等,其中 1GB = 1024MB,1MB = 1024KB。

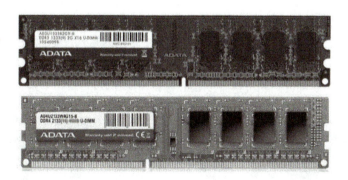
图 1-21　DDR3 内存条 (上) 和 DDR4 内存条 (下)

随机存储器是易失性存储器,其中存放的信息是临时性的,计算机一旦断电后,RAM 中的信息就会全部丢失,不可恢复。只读存储器是一种只能读出不能写入的存储器,当计算机断电后,ROM 中的信息不会丢失。

(2)外存储器(辅存)　简称外存,与内存相比,外存的特点是存储容量大,价格较低,而且在断电的情况下也可以长期保存信息,所以称为永久性存储器,但其缺点是存取速度比内存储器慢。常见的外存储器有硬盘、U 盘、光盘,如图 1-22 所示。

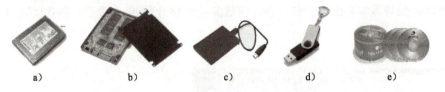

图 1-22　外存储器

a) 机械硬盘　b) 固态硬盘　c) 移动硬盘　d) U 盘　e) 光盘

机械硬盘(HDD 传统硬盘)按接口类型,可分为 IDE、SATA、SCSI、SAS 和光纤通道 5 种,SATA、SATAⅡ、SATAⅢ是现在的主流。硬盘主要有 IBM(第一块硬盘的发明者)、希捷(Seagate)、西部数据(WD)等品牌。

固态硬盘(Solid State Drive)是用固态电子存储芯片阵列而制成的硬盘,由控制单元和存储单元(FLASH 芯片、DRAM 芯片)组成。主流的接口是 SATA 接口。固态硬盘采用电子存储介质进行数据存储和读取,拥有极高的存储性能,速度方面大幅提升。

移动硬盘(Mobile Hard disk)是以硬盘为存储介质,用于计算机之间交换大容量数据的便携性的存储产品。移动硬盘多采用 USB、IEEE 1394 等传输速度较快的接口,具有容量大、体积小、速度快、使用方便等优点。

U 盘(USB Flash Drive)是现在最方便、最普及的移动存储器,它可以通过每台计算机都有的 USB 接口方便地进行数据交流。其优点是:体积小,便于随身携带,容量大,存储速度快,价格便宜,性能可靠,使用方法简单。

4. 输入设备

输入设备是将外面的信息输入计算机中的设备。键盘、鼠标、扫描仪、手写笔、摄像头、数码相机、条形码扫描器、光笔、触摸屏等都是微型计算机中常用的输入设备,如图 1-23 所示。

扫描仪就是将照片、书籍上的文字或图片获取下来,以图片文件的形式保存在计算机里的一种设备。手写笔、摄像头和数码相机是通过 USB 接口连接计算机,将信息输入到计算机中。

图 1-23　部分常见输入设备

a) 扫描仪　b) 手写笔　c) 摄像头　d) 数码相机　e) 条形码扫描器　f) 光笔　g) 触摸屏

条形码扫描器,又称条码扫描枪,它是用于读取条形码所包含信息的阅读设备,利用光学原理,把条形码的内容解码后通过数据线或者无线的方式传输到计算机或者其他设备。它广泛应用于超市、物流快递、图书馆等。

光笔,外形像钢笔,对光敏感,多用电缆与主机相连,可以在屏幕上进行绘图等操作。它是依靠计算机内的光笔程序向计算机输入显示屏幕上的字符或光标位置信息的光敏传感器。

触摸屏又称为触控屏、触控面板,是一种可接收触头等输入信号的感应式液晶显示装置,它是目前最简单、方便、自然的一种人-机交互方式。主要应用于公共信息查询、电子游戏、点歌点菜、多媒体教学等。

5. 输出设备

输出设备是将计算机中的数据信息传送到外部介质上的设备。常用的输出设备有显示器、打印机、绘图仪、投影仪等。

（1）显示器 又称监视器，它是计算机最常用的输出设备之一，用于显示文字和图表等各种信息。显示器显示质量（如分辨率）的高低主要是由显示卡的功能决定的。目前常用的显示器有阴极射线管显示器（Cathode Ray Tube，CRT）和液晶显示器（Liquid Crystal Display，LCD），如图1-24所示。

图1-24 CRT显示器（左）和液晶显示器（右）

（2）打印机 它是计算机系统的主要输出设备，用于将计算机中的信息打印出来，以便用户阅读和存档。打印机的类型很多，可分为击打式打印机和非击打式打印机。针式打印机属于击打式打印机，喷墨打印机和激光打印机属于非击打式打印机，如图1-25所示。

a) b) c)

图1-25 打印机
a）针式打印机 b）激光打印机 c）喷墨打印机

3D打印是一种以数字模型文件为基础，运用粉末状金属或者塑料等可黏合材料，通过逐层打印的方式来构造物体的技术。一款家用3D打印机的实物图如图1-26所示。

（3）绘图仪 它可将计算机的输出信息以图形的形式输出，主要用于绘制各种大地测量图、建筑设计图、电路布线图、各种机械图与计算机辅助设计图等，如图1-27所示。

（4）投影仪 又称投影机，它是一种可以将图像或视频投射到幕布上的设备，可以通过不同的接口与计算机、VCD、DVD、BD、游戏机、DV等连接，播放相应的视频信号，广泛应用于办公室、学校和娱乐场所，如图1-28所示。

图1-26 家用3D打印机　　图1-27 绘图仪　　图1-28 投影仪

6. 机箱和电源

在计算机系统中，机箱除了给计算机系统建立一个外观形象之外，还为计算机系统的其他配件提供安装支架，有利于提高整个系统的稳定性。另外，它可以减轻机箱内向外辐射的电磁污染，保护用户的健康和其他设备的正常使用。机箱的用材一般是钢材镀锌板等，所用板材应无杂质、厚度均匀、表面光洁、不易生锈，要求整个机箱结构牢固，不易变形。机箱是绝大部分硬件的"家"。机箱的内部结构如图 1-29 所示。

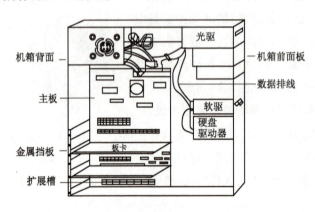

图 1-29 机箱的内部结构

作为机箱的重要组成部分，电源负责整机的能源供给。一台完整的计算机除了显示器直接由市电（指城市里主要供居民使用的电源，电压一般是 220 V）供电外，其他配件的电力供应都来自电源，如图 1-30 所示。

7. 多媒体设备

在人类社会中，信息的表现形式是多种多样的，如文字、声音、图像、图形等，通常把这些表现形式称为媒体。多媒体指两个或两个以上类型信息的显示或播放。多媒体技术指将图像、动画、声音和视频技术融为一体的技术。

图 1-30 机箱电源

常见的多媒体设备主要包括显示适配卡、声卡、CD-ROM、音箱、话筒及显示设备等。

（1）显示适配卡 又叫显示卡，如图 1-31 所示。有的计算机主板装有集成显示卡，其显示卡已焊接在主板上。显示卡的性能很大部分是由它采用的显示芯片所决定的。显示卡发展至今天主要出现过 ISA、PCI、AGP、PCI Express 等几种接口，所能提供的数据带宽依次增加。

图 1-31 显示卡
a) AGP 显示卡 b) PCI Express 显示卡

（2）声卡 也称为声音卡、声效卡或声频卡，是多媒体计算机的最基本配置。它的主要功能是实现声波和数字信号的相互转换、播放和录制声音数据。按声卡的组成形式，可分为普通声卡和集成声卡，目前大多采用 PCI 声卡,如图 1-32 所示。

（3）音箱　音箱负责把放大器送来的音频信号变为声波。音箱是由箱体（木制或塑胶制的）和扬声器组成,如图 1-33 所示。

图 1-32　独立声卡

图 1-33　音箱

任务实施

一台新计算机买来时通常主机与其他外设是分离的,尽管商家会上门帮助安装,但是使用过程中移动计算机或拆换外设时也要连接主机和外设,所以正确掌握计算机的外设连接方法对独立运用计算机是非常重要的。

计算机主机箱的正面通常有电源开关、复位开关、光驱等,现在主流的计算机通常又增加了前置 USB 接口、前置耳机和麦克风接口。其背面有大部分的外设接口,包括键盘、鼠标、显示器、打印机、音箱、网线等。外设接口种类很多,常见的有 PS/2 接口、USB 接口、串行接口（COM）、并行接口（LPT）、RJ-45 接口等,进行连接时要特别注意接口的类型、颜色和方向,拔、插时用力要均匀。把外设和主机连接起来的具体操作步骤如下。

1. 选择安装位置

安装计算机时,一定要确定好安装位置,最好使用专用的电脑桌,保证桌面平整、结实,以防安装或使用过程放置不稳摔坏计算机。计算机的理想摆放位置应满足下列要求:干燥、通风、凉爽、灰尘少、无阳光直射,周围无磁性干扰源（如电视机、组合音响、冰箱、电机等）。

2. 检查设备

在确保电源插座未接通电源、主机和显示器（以及其他外设）关闭的前提下,才能进行安装连接;如果是新计算机,还要检查所需要的连接线等是否齐全。

3. 连接鼠标、键盘

目前主流计算机上键盘、鼠标都采用 PS/2 接口或 USB 接口。为了便于识别,计算机部件都有明显的颜色标志,PS/2 接口紫色的为键盘接口,绿色的为鼠标接口,二者外观形状是一样的,如图 1-34 所示。

PS/2 接口连接的方法是:将鼠标插头中的针对准主板上绿色 PS/2 接口中的方形孔,然后插入;键盘插头插入到紫色的 PS/2 接口中。

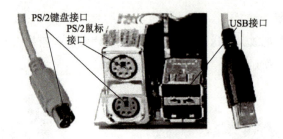

图 1-34　键盘和鼠标接口

在连接 PS/2 接口的鼠标和键盘时,首先不要混淆接口位置,否则计算机将不识别鼠标和键盘;其次,鼠标和键盘的插头中的针一定要对准 PS/2 接口中的小孔,插错位了则插不进去,强行插入则可能会将它们的针插弯,从而导致接口短路,损坏插头,所以应非常小心。

如果是 USB 接口的键盘或鼠标,连接则更容易了,只需把该连接口对着机箱中相对应的 USB 接口插入即可,如果插反则无法插入。

> 温馨提示:除了键盘接口和鼠标接口规格相同外,其余接口都是一一对应的,一般不会插错;如果在接线过程中发觉很难插入接口,可能是插错了,千万不要强行插入,否则有可能会损伤计算机的硬件。

4. 连接显示器

在显示器后部有一根蓝色接头的信号线,只有把它连接到主机箱后面板上的显示卡输出端上,显示器才能显示主机输出的数字信号。显示卡的 VGA 输出端是一个 15 孔的三排插座,为防止插反,厂商在设计插头时将插头外框设计为梯形,如图 1-35 所示。

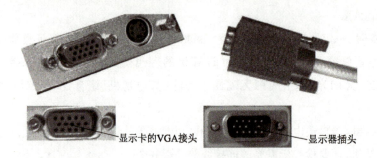

图 1-35　VGA 接口

显示器有两根线,一根为信号线,另一根为电源线。连接的方法是:先将显示器的梯形 15 针插头信号线与主机相连,然后拧紧插头上的两颗固定螺栓即可;接下来连接显示器的电源线,根据显示器的不同,有的将电源连接到主板电源上,有的直接连接到电源插座上。

此外,液晶显示器接口类型还有数字视频接口(Digital Visual Interface,DVI)、高清晰度多媒体接口(High Definition Multimedia Interface,HDMI),如图 1-36 所示。

图 1-36　DVI、HDMI

> ☺温馨提示：插显示器接头时不需要用很大的力气，否则可能会把针插歪或插断，从而导致显示器显示不正常。

5. 连接音箱类设备

一般主板上集成有 AC 97 声卡，音箱类设备与主机的连接接口由 3 个插孔组成，符合 PC99 颜色规格，采用彩色接口，非常容易辨别，其中标志为"Speaker 或 ⁝⁝⁝"蓝色插孔用于连接音箱、耳机，标志为"Mic 或 ⁝⁝⁝"红色插孔用于连接麦克风、话筒，绿色插孔为 Line-in 音频输入接口，常用的只有 Speaker 和 Mic 插孔，如图 1-37 所示。

音箱也有两根线，一根为信号线，另一根为电源线。连接的方法是：先将音箱的信号线插头插入到主机的 Speaker 或 Line-out 接口上，再将电源线与市电相连（一般插入到 2 孔插座）即可。如果有麦克风、话筒，则将其插入到 Mic 红色插孔中。

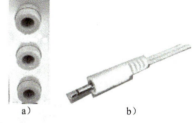

图 1-37　音箱设备的插孔和插头
a）主机上音箱设备的插孔　b）音箱设备插头

6. 连接网线

如图 1-38 所示，上网时用户必须把网线一端的水晶头插入计算机网卡的 RJ-45 接口中，另一端连接 ADSL 调制解调器、交换机或路由器等网络设备。插入网线时要将网线水晶头的方向和 RJ-45 接口的方向保持一致，否则连接不上。

图 1-38　把网线插入网卡

7. 连接其他设备

以上是计算机通常配置的设备，除此之外还有打印机、摄像头、扫描仪、移动光驱等设备，这类设备很多都使用 USB 接口与计算机主机相连,如图 1-39 所示。

图 1-39　USB 2.0 接口及 USB 3.0 接口

USB(Universal Serial Bus)的中文含义是通用串行总线。现在计算机主机的背面一般提供了 4 个 USB 接口,在主机的前面板上提供了两个 USB 接口,用来连接一些使用 USB 接口的设备。连接这些设备时,一是找对接口位置;二是看清接口与接头的形状和类型、针孔;三是插入时用力均匀,不要用力过猛。

8. 连接主机电源

主机机箱背面有一个电源插座(老式的有两个,一般上面的一个可以连接显示器),主机电源插座的外观如图 1-40a 所示;电源连接线的接头外观如图 1-40b 所示。

图 1-40　主机电源插座和电源连接线接头
a)主机电源插座　b)电源连接线接头

最后就是连接主机的电源线,只要将机箱电源线一端与 220V 电源插座相连,另一端插入主机电源插座即可(该插座有方向,插反了插不进去)。

> 温馨提示:质量低劣的多功能电源插座可能导致计算机损坏,在连接计算机电源线之前必须仔细检查多功能插座是否安全可靠,以免造成不必要的损失;同时在插有计算机的插座上不要再插接其他电器。

9. 检查连接

当所有外部设备与主机箱连接好后,所有外设在主机上的连接位置如图 1-41 所示。还应仔细再检查一遍各部分连接是否正确,计算机输入电压是否为 220V 交流电,准确无误后方可打开主机上的电源开关启动计算机。

启动计算机后,正常情况下可以听到 CPU 风扇和主机电源风扇转动的声音,还有机械硬盘启动时发出的声音。显示器开始出现开机画面,并且进行自检。

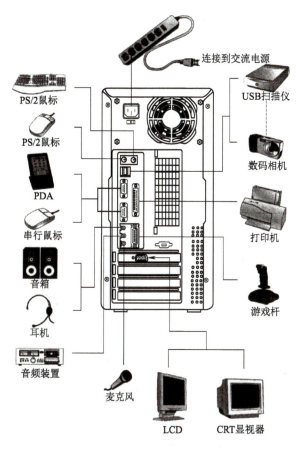

图 1-41 外设在主机上的连接位置

一、计算机的特点

计算机具有以下特点：

1）快速的运算能力。

2）足够高的计算精度。

3）超强的记忆能力。

4）复杂的逻辑判断能力。

5）按程序自动工作的能力。

二、计算机软件系统

计算机系统是由硬件系统和软件系统两部分组成的，我们只能看到计算机的硬件，软件是在计算机系统内部运行的程序，其实现过程是无法看到的。

计算机软件由程序和有关的文档组成。程序是指令序列的符号表示，文档是软件开发过程中建立的技术资料。

三、计算机与投影仪的连接

计算机与投影仪的连接操作步骤如下：

1）先将计算机和投影仪的电源线插上。

2）用 VGA 视频线分别连接到计算机和投影仪上，将功放的音频线也插到计算机相应音频输出孔上。

> 温馨提示：现在很多超薄笔记本式计算机已经没有 VGA 接口了，只有 HDMI 接口，可用一根 HDMI-VGA 转换线进行连接，如图 1-42 所示。如果想投影机和台式计算机显示器都能显示，那么就需要在机箱上的 VGA 接口插一个分屏器，分屏器上有多个 VGA 接口，一个连接显示器，一个连接投影机即可。

图 1-42　HDMI-VGA 转换线

3）打开计算机的电源开关，用投影仪遥控启动投影仪。

4）投影仪、计算机都启动正常后，按 <Winkey + P> 组合键弹出投影仪设置选项，如图 1-43 所示，出现投影仪模式选项：仅计算机、复制、扩展、仅投影仪，选择"复制"选项。

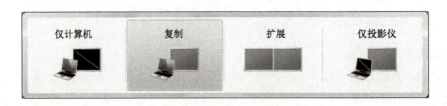

图 1-43　投影仪设置

对于笔记本式计算机可以按下 <Fn + F*> 组合键，不同的笔记本式计算机其功能键也不一样，但是功能键上面都会有标志，一般是两个屏幕，表示可以互相切换。

5）连接成功后，投影仪上就会显示出画面。

投影仪的使用和计算机有密切的关联，一般设置都是在计算机上，使用的时候遇到问题首先设置计算机。计算机设置包括驱动和系统，都试过以后再检查投影仪的设置。

一、实战演练

将微型计算机的主机箱上的所有外部设备从主机箱上折下,然后依次将其外部设备连接到主机箱上,最后运行计算机,使其正常启动并进入 Windows 7 系统中进行操作。试将数码相机或手机利用数据线与计算机连接,然后将数码相机或手机中的照片复制到计算机中。

二、小试牛刀

1. 一个完整的计算机系统主要由_____和_____两大部分组成。

2. 根据冯·诺依曼原理,一个完整的计算机硬件系统必须包含五大功能部件,它们是_____、_____、_____、_____和_____。

3. 中央处理器(CPU)主要由_____和_____组成。

4. 内存分为_____(简称 RAM)和_____(简称 ROM)。

5. 目前主流计算机上键盘、鼠标都采用_____接口或_____接口。

6. 下列存储器中读写速度最快的是_____。
   A. 机械硬盘　　　　　B. 固态硬盘　　　　　C. 移动硬盘　　　　　D. U 盘

7. 任何程序都必须加载到_____中才能被 CPU 执行。
   A. 硬盘　　　　　　　B. 光盘　　　　　　　C. 内存　　　　　　　D. 外存

8. 下列_____不是 CPU 的性能参数。
   A. 字长　　　　　　　B. 主频　　　　　　　C. 外频　　　　　　　D. I/O

9. 下列_____是输入设备。
   A. 扫描仪　　　　　　B. 投影仪　　　　　　C. 绘图仪　　　　　　D. 打印机

10. 下列_____不是液晶显示器接口类型。
    A. DVI　　　　　　　B. HDMI　　　　　　C. COM　　　　　　　D. VGA

任务评价

序号	任务评价细则	任务评价结果		
		自评	小组互评	师评
1	外部设备连接到主机箱			
2	数码相机或手机中的照片复制到计算机			
3	计算机与投影仪的连接操作			
4	实战演练完成情况			
5	小试牛刀掌握情况			
评价(A、B、C、D 分别表示优、良、合格、不合格)				
任务综合评价				

项目二
Windows 7 应用与操作

任务一　设置丰富多彩的桌面
任务二　文件和文件夹的管理
任务三　"荷塘月色"图画的绘制
任务四　用户账户的管理

任务一　设置丰富多彩的桌面

 任务描述

本任务要达到的效果如图 2-1 所示。

图 2-1　丰富多彩的桌面

 任务分析

　　Windows 7 为用户默认设置了最佳的工作方式,但这些设置不一定适合每一位用户。本任务的主要内容是通过系统提供的各项设置功能,打造符合用户自己喜好的、丰富多彩的个性桌面,从而更有效地管理自己的计算机。

　　通过本任务的学习,要达到以下目标:

1)熟悉 Windows 7 桌面的组成。

2)掌握设置桌面主题的方法。

3)掌握显示和隐藏桌面图标的方法。

4)掌握设置屏幕保护的方法。

5)掌握任务栏的相关设置。

6)掌握输入法的相关设置。

启动 Windows 7 后，出现的整个屏幕区域称为桌面（Desktop），如图 2-2 所示，通俗地说就是计算机启动后用户登录到系统所见到的整个计算机屏幕。它是用户和计算机进行交流的窗口，是开始人机对话的主要区域。

桌面主要是由桌面背景、桌面图标和任务栏三部分构成的。

图 2-2　Windows 7 桌面组成

一、桌面背景

桌面背景通常指除任务栏以外的衬于桌面图标下的图片区域，用户常把这个区域说成"空白区"，又称为桌布或壁纸。用户可以通过系统提供的相关设置将桌面背景变为自己喜欢的样式。

二、桌面图标

桌面图标指在桌面上排列的小图像，它是某一个应用程序的引用指针。它包含图形和说明文字两部分，如果用户把鼠标放在图标上停留片刻，则会出现相应图标所表示内容的说明，双击图标就可以打开相应的内容。桌面图标包括系统图标和快捷方式图标两种。

1）在图标上单击鼠标右键，在弹出的快捷菜单中选择"属性"命令，查看图标的属性，可以知道其具体的信息。

2）在桌面空白处单击鼠标右键，在弹出的快捷菜单中选择"个性化"命令，打开"个性化"窗口，单击窗口中的"更改桌面图标"，打开"桌面图标设置"对话框，如图 2-3 所示。

3）可以设置显示或关闭部分图标，还可以继续单击"更改图标"按钮更改选中项目的图标，如图 2-4 所示。

图 2-3　"桌面图标设置"对话框　　　图 2-4　"更改图标"对话框

> ♨温馨提示:快捷菜单是在对象上单击鼠标右键后弹出的菜单。通过系统提供的快捷菜单,用户可以重新排列、新建与删除桌面图标,也可以手动拖拉图标来使某一图标处于桌面的任何位置。

三、任务栏

任务栏是位于桌面底部的水平长条,从左至右包括"开始"按钮、快速启动区、应用程序按钮区、通知区和"显示桌面"按钮,如图 2-5 所示。用户可根据需要改变其大小、移动位置及自动隐藏。任务栏的快捷菜单可以排列应用程序窗口,打开任务管理器,调整菜单风格等。

图 2-5　Windows 7 桌面的任务栏

> ✎技巧点滴:如果要从多个打开的窗口快速回到桌面,则可以单击任务栏上的"显示桌面"按钮使所有窗口最小化,从而快速回到桌面;重复执行则所有窗口将还原。按<WinKey(Windows 徽标键)+D>组合键也如此。

(1)"开始"按钮　单击"开始"按钮可以打开"开始"菜单。"开始"菜单是计算机程序、文件夹和设置的主门户,包括系统自带的程序及用户后来安装的程序,用户可以从这里执行自己想要执行的各项操作。之所以称之为"菜单",是因为它提供一个选项列表。至于"开始"的含义,在于它通常是用户要启动或打开某项内容的位置。

"开始"菜单在本质上是一个白板,用户可以组织和自定义适合的首选项。右击任务栏,在快捷菜单中选择"属性"命令,打开"任务栏和「开始」菜单属性"对话框,如图2-6所示,可以对任务栏、"开始"菜单和工具栏进行设置。

(2)快速启动区　锁定在该区域的图标多为常用的应用程序图标,单击此处图标可快速启动应用程序。

(3)程序按钮区　它显示正在运行的程序按钮。每打开一个程序或文件夹窗口,其按钮就会出现在该区域,关闭窗口后,该按钮即消失。

(4)通知区　它包括系统时钟及一些常驻内存的特定程序和计算机设置状态的图标,如语言栏、自定义通知区按钮、系统时钟等。

图2-6　"任务栏和「开始」菜单属性"对话框

(5)"显示桌面"按钮　单击此按钮,所有窗口将被最小化,显示桌面。

四、桌面小工具

桌面小工具是 Windows 7 操作系统新增功能,可以方便用户使用。如果想要在桌面上添加小工具,其操作步骤如下:

1)在桌面空白处单击鼠标右键,在弹出的快捷菜单中选择"小工具"命令。

2)在打开的窗口中右键单击需要添加的小工具图标,选择"添加"选项或直接双击图标,即在桌面上添加了所选的小工具,如图 2-7a 所示。若选择"日历",则桌面上显示"日历"小工具,如图 2-7b所示。

此外,还可以对小工具窗口进行移动和关闭等操作。

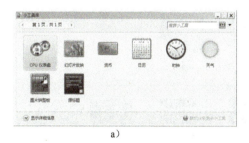 

a)　　　　　　　　　　　　　　　b)

图2-7　添加"日历"小工具

a)右键单击"日历"小工具　b)桌面上显示"日历"小工具

五、颜色质量与分辨率

要打造丰富多彩的桌面,必须选择合适的分辨率与颜色质量。一般显示器分辨率可以设为 800×600 像素、1024×768 像素,19in(1in = 25.4mm)的显示器适合在 1024×768 像素以上使用。屏幕分辨率越高,图片画面就越精细,桌面上的相对空间会增大,但同时会缩小屏幕上图标的大小,特别是窗口字体会缩小,对显卡的速度要求也相应更高。右键单击桌面空白处,在弹出的快捷菜单中选择"屏幕分辨率"命令,在打开的窗口中设置"分辨率"和"方向"等。

> 温馨提示:过低的分辨率与过低的颜色质量将使桌面不够细腻且不够逼真,而过高的分辨率与颜色质量将过多占用显示资源,系统运行速度会下降,所以应视具体的机器来定,一般不低于 1024×768 像素的分辨率及 16 位颜色。

1. 设置桌面主题

主题是计算机上的图片、颜色和声音的组合。Windows 7 提供 Aero 主题,用户可根据自己的喜好选择桌面主题。在桌面空白处单击鼠标右键,在弹出的快捷菜单中选择"个性化"命令,打开"个性化"窗口,单击选择一种桌面主题,如图 2-8 所示。

扫码收获更多精彩

图 2-8 设置桌面主题

2. 设置桌面背景

设置桌面背景的操作步骤如下:

1)在桌面空白处单击鼠标右键,在弹出的快捷菜单中选择"个性化"命令,打开"个性化"窗口。

2)单击"个性化"窗口中的"桌面背景",打开"桌面背景"窗口,如图2-9所示,在左边"图片位置(L)"列表框中选取或浏览本地文件夹中心仪的图片。

3)可设置图片显示位置、更改图片时间间隔等,单击"保存修改"按钮。

温馨提示:如图2-9所示,打开"图片位置"下拉列表,选择"纯色"选项,在打开的窗口中选择喜欢的颜色,也可以单击"其他"按钮选择更丰富的颜色,将其添加到"自定义颜色",设置完成后单击"保存修改"按钮,如图2-10所示。

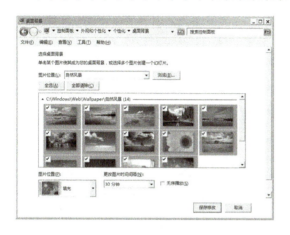

图2-9 设置桌面背景为图片　　　　图2-10 设置桌面背景为纯色

3. 设置屏幕保护程序

如果暂时离开计算机又不想关闭计算机,出于保护隐私、节省能源、延长显示设备的工作寿命等多方面原因,可以启用屏幕保护程序。达到设定的时长,如果没有操作计算机,屏幕保护程序将自动运行,除非停止屏幕保护程序的运行,否则不能回到正常的桌面。

在"个性化"窗口中单击"屏幕保护程序"打开"屏幕保护程序设置"对话框,如图2-11所示。设置屏幕保护程序的操作步骤如下:

1)Windows 7 提供了一系列的屏幕保护程序,在对话框的"屏幕保护程序"下拉列表框中选择一种屏幕保护程序,即可看到该屏幕保护程序的显示效果。

2)单击"预览"按钮,可预览该屏幕保护程序的效果,移动鼠标或按键盘的任意键即可返回该对话框。

3)单击"设置"按钮,可对屏幕保护程序的相关属性进行设置。

4)在"等待"微调按钮中可输入或修改数值,以指定当计算机闲置多长时间才启动该屏幕保护程序。

图2-11 启用屏幕保护程序为"气泡"

5）选中"在恢复时显示登录屏幕"选项，则任意移动鼠标或键盘输入都会让计算机切换到开机画面，用户需单击用户名，输入密码才能登录。

6）设置完以上项目后，依次单击"应用"和"确定"按钮，使设置生效。

> 温馨提示：由于液晶显示器与传统 CRT 显示器工作特性不同，建议在液晶显示器上不启用屏幕保护程序，而是通过单击"更改电源设置"按钮来启用休眠模式。

> 技巧点滴：如果设置有用户密码，离开计算机后又不想使用屏幕保护程序，可按 <WinKey + L> 组合键，快速地锁定计算机。

4. 设置界面外观

用户还可以设置 Windows 7 的界面外观，获得更个性化的显示效果。界面外观通常指桌面、对话框、活动窗口和非活动窗口等项目的颜色、大小、字体等。在默认状态下，系统使用的是"Windows 7 Basic"的颜色、大小等设置。用户也可以根据自己的喜好设置这些项目的颜色、大小等显示方案。其操作步骤如下：

1）在"个性化"窗口中，单击"窗口颜色"，打开"窗口颜色和外观"对话框。

2）如图 2-12 所示，可在对话框中进行相关设置。如在"项目"下拉列表框中，选择"菜单"选项，在右侧可以设置菜单的大小、颜色，下侧可设置菜单的字体、大小、颜色等。选择"桌面"选项，可以设置桌面的颜色。

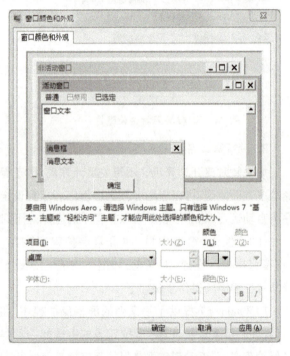

图 2-12　设置界面外观

5. 设置"时钟"小工具

设置"时钟"小工具的操作步骤如下：

1）在桌面空白处单击鼠标右键，在弹出的快捷菜单中选择"小工具"命令。在打开的窗口中右击需要添加的小工具"时钟"，选择"添加"选项或直接双击"时钟"图标，即在桌面上添加了所选的小工具，如图 2-13 所示。

2）在"时钟"小工具上单击鼠标右键选择"选项"，打开"时钟"对话框，选择第六种时钟，输入名称，选择时区和设定是否显示秒针后单击"确定"按钮，如图 2-14 所示。

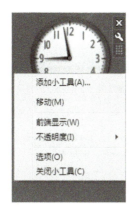
图 2-13 添加"时钟"小工具

图 2-14 设置"时钟"小工具

一、常用操作系统

Windows 是由微软公司成功开发的操作系统,它是一个多任务的操作系统,采用图形窗口界面,用户对计算机的各种复杂操作只需通过单击鼠标就可以实现。

Windows 7 操作系统于 2009 年发布,它的设计围绕五个重点:针对笔记本式计算机的特有设计、基于应用服务的设计、用户的个性化、视听娱乐的优化、用户易用的新引擎。它具有强大的兼容性和个性化设计,使得计算机的使用和操作更易用、更快速、更简单、更安全,以及拥有 Aero 特效、更绚丽透明的窗口。

Android 操作系统是基于 Linux 的自由及开放源代码的系统,主要应用于移动设备,如平板计算机和智能手机。

Mac OS X 操作系统是一套运行于苹果计算机 Macintosh 系列上的操作系统。

iOS 操作系统是由苹果公司开发的手持设备操作系统。iOS 与苹果的 Mac OS X 操作系统一样,也是以 Darwin 为基础的,都是基于 UNIX 的图形化操作系统,优点是界面华丽,运行流畅,安全性能较强,但兼容性不如 Windows 操作系统。

此外,还有 WP 操作系统、Chrome OS 操作系统。

二、任务栏设置

设置任务栏的操作步骤如下:

1)在任务栏空白处单击鼠标右键,在弹出的快捷菜单中选择"属性"。

2)打开"任务栏和「开始」菜单属性"对话框,如图 2-15 所示。在"任务栏"选项卡中,可完成以下设置:锁定任务栏、自动隐藏任务栏、使用小图标等。

3)单击"通知区域"的"自定义"按钮,弹出"通知区域图标"窗口,如图 2-16 所示,可对在任务栏上出现的图标和通知进行设置。

图 2-15 "任务栏"选项卡

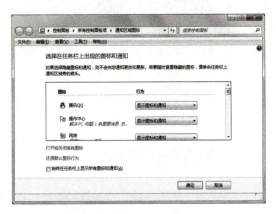

图 2-16 "通知区域图标"窗口

三、汉字输入法

1. 键盘输入汉字

在汉字输入计算机的方式中，以键盘输入使用最广泛，相应的软件处理技术也最为成熟。汉字的键盘输入又可分为三大类：整字输入、字素输入和编码输入。

键盘编码输入法是按照汉字的语音、字形等特征，根据一定的编码规则，从标准键盘上输入汉字的一种方法。这是目前使用最普遍的一种方法。汉字输入的编码方法，基本上都是采用将音、形、义与特定的键相联系，再根据不同汉字进行组合来完成汉字的输入的，根据其特点可归结为三类：音码、形码和音形码。

（1）音码　以汉语拼音为基础，并按一定编码规则给出的汉字输入方法。常见的有全拼、双拼、简拼、搜狗拼音、微软拼音等。

（2）形码　根据汉字的形状和结构，把汉字看成由若干个部件组成，再结合一定的编码规则形成汉字编码。最常用的形码有五笔字型、表形码、码根码等。

（3）音形码　根据汉字的字形和拼音相结合进行的编码。在这类编码方案中，一种是以字形分解为主，辅以字音；另一种是以字音为主，辅以字形。常见的音形码有首尾码、自然码等。

2. 非键盘输入汉字

非键盘输入汉字是相对于传统的键盘输入而言的，它是一种旨在突破传统编码技术的更简易便捷的汉字输入方法。目前主要有手写识别（或称笔输入）、语音识别（或称语音输入）和光学字符识别（OCR）等非键盘汉字输入技术。

四、输入法的设置

1. 定制"语言栏"到任务栏中

如图 2-17 所示，语言栏是一种工具栏，添加文本服务时，它会自动出现在桌面上，如输入语言、键盘布局、手写识别、语音识别或输入法编辑器（IME）。语言栏提供了从桌面快速更改输入语言或键盘布局的方法。可以将语言栏移动到屏幕的任何位置，也可以将其最小化到任务栏或隐藏。定制"语言栏"到任务栏中的操作步骤如下：

1）在"控制面板"中，打开"时钟、语言和区域选项"窗口，单击"区域和语言"。

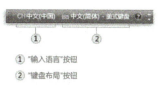

① "输入语言"按钮
② "键盘布局"按钮

图 2-17　语言栏

2）弹出"区域和语言"对话框，选择"键盘和语言"选项卡，再单击"更改键盘"按钮，打开"文本服务和输入语言"对话框，如图 2-18 所示。

> 技巧点滴：右键单击任务栏中"语言栏"，打开快捷菜单后再选择"设置"命令，可弹出"文本服务和输入语言"对话框，如图 2-18 所示。输入法设置的相关操作基本都在该对话框中进行。

3）选择对话框上的"语言栏"选项卡，如图 2-19 所示，选中"停靠于任务栏"，勾选"在任务栏中显示其他语言图标"，单击"确定"按钮，则"语言栏"显示在任务栏中。

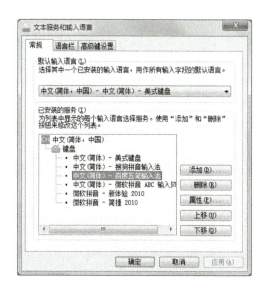

图 2-18　"文本服务和输入语言"对话框

图 2-19　"语言栏"选项卡

> 技巧点滴：隐藏"语言栏"的方法是在"文本服务和输入语言"对话框中的"语言栏"选项卡中，选中"隐藏"，单击"确定"按钮；或者右键单击任务栏中空白处，单击"工具栏"下拉菜单中的"语言栏"前面的"√"。

2. 添加输入法

在"语言栏"上单击鼠标右键，在弹出的快捷菜单中选择"设置"命令，则弹出"文本服务和输入语言"对话框，单击"添加"按钮即可添加输入法。打开"添加输入语言"对话框，在"输入语言"

列表框中选择要添加的输入法语言种类,在"键盘布局/输入法"列表框中选择系统提供的输入法种类,然后单击"确定"按钮。所选择的输入法会被添加到"已安装的服务"列表框中。

3. 删除某个输入法

在"文本服务和输入语言"对话框中,选择某个输入法后单击"删除"按钮则删除所选择的输入法。

4. 安装第三方输入法

因为系统自带的输入法不一定能满足所有用户的要求,所以需要安装新的输入法。这样的输入法通常带有相应的安装程序,执行其安装模块,将在系统中安装该输入法。安装后其相应的输入法会出现在输入法列表中。

5. 定制常用输入法切换快捷键

可以为每种输入法指定一个快捷键组合来快速地调出相应的输入法。选择"高级键设置"选项卡,如图2-20所示,选中某一个操作热键,再单击"更改按键顺序"按钮,就能对这个热键进行新的设置,如图2-21所示。

图2-20 选择更改热键项目

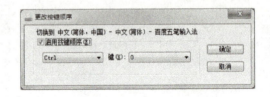

图2-21 指定新的热键组合

> 温馨提示:各种热键组合不能重复。指定好热键后单击"确定"按钮,就能直接使用组合热键来启用相应的输入法或者进行各种切换操作。

6. 设置默认的输入法

输入法被安装后,就在输入法列表中有了一定的顺序,有时候更改这个顺序是必要的。把某个输入法设置为默认的输入法,可通过"文本服务和输入语言"对话框来完成。

在"默认输入语言"下拉列表框中罗列的是当前所有安装的输入法,且按序排列。如果要把某一输入法作为默认的输入法,只需要在该下拉列表框中选择这个输入法,单击"确定"按钮就可以了。

一、实战演练

1. 准备自己的照片,将其设为桌面背景,观察平铺、居中、拉伸的不同效果。
2. 添加"时钟"桌面小工具,并设置自己喜欢的钟表图片效果。
3. 取消并重现"我的电脑""我的文档""网上邻居"三个图标在桌面的显示。
4. 以"我的天地我做主"为三维滚动文字设置一个屏幕保护程序,并设置恢复时显示登录屏幕。
5. 设置循环播放图片的桌面主题,改变桌面项目的颜色与字体。

二、小试牛刀

1. Windows 7 是由_____公司开发的操作系统。
2. 要弹出快捷菜单,应该在对象上单击_____。
3. 任务栏可以改变_____、移动_____及自动隐藏。
4. 在 Windows 7 系统中,可以让图标按大小、_____、_____、_____四种不同方式排列。
5. 桌面主要是由_____、_____和_____三部分构成的。

任务评价

序号	任务评价细则	任务评价结果		
		自评	小组互评	师评
1	Windows 7 桌面组成			
2	设置桌面背景等操作			
3	任务栏的设置操作			
4	实战演练完成情况			
5	小试牛刀掌握情况			
评价(A、B、C、D 分别表示优、良、合格、不合格)				
任务综合评价				

任务二　文件和文件夹的管理

本任务要达到的效果如图 2-22 所示。

图 2-22 文件和文件夹的管理

计算机中的所有程序以及各种类型的数据都是以文件的形式存储在磁盘上的,资源管理器可以用分层的方式显示计算机内的所有文件。使用资源管理器可以更方便地实现浏览、查看、移动、复制文件或文件夹等操作。本任务的主要内容是利用资源管理器快速有效地管理计算机文件和文件夹。

通过本任务的学习,要达到以下目标:

1)掌握文件、文件夹、资源管理器的概念。
2)掌握文件、文件夹的建立、命名的方法。
3)掌握文件、文件夹选定的方法。
4)掌握文件、文件夹复制、移动的方法。
5)掌握文件、文件夹的查找、删除的方法。

一、文件和文件夹的概念

1. 文件与文件名

文件是被命名的一组相关信息的集合。程序、数据或文字资料都以文件的形式存放在计算机的存储器中,以文件名来区分文件。文件的名字一般由主文件名和扩展名两部分组成,中间用圆点符分隔。主文件名用于描述数据对象集合,扩展名用于描述这一数据集合的类别,如扩展名为 txt 表示文本文档,扩展名为 jpg 表示图片文件。用户可以根据文件命名规则,给自己要保存的数据指定文件名,即指定它的主文件名与扩展名。

> 温馨提示:文件的命名必须符合其规则。一般的文字字符都可作为文件命名的要素,虽然有些字符是不能出现在文件名字中的,但不要担心命名文件名时出错,违反规则时系统会提示的。

2. 文件夹与文件夹命名

很多文件无序地存储在计算机存储介质上,杂乱无章,使引用与管理极为不方便。Windows 引入了"文件夹"概念,即装文件的一个像公文夹的东西,它只是一个逻辑上的载体,可以包含文件与下级文件夹,并且可以逻辑延伸,是组织和管理磁盘文件的一种数据结构。文件夹的命名规则与文件名的命名规则相同,不需要扩展名。

3. 文件夹与文件夹的组织和管理

在 Windows 系统中,采用树形文件夹结构对文件和文件夹进行组织和管理。文件夹有时又称为目录。表示存储分区和设备的字母称为盘符,其中硬盘盘符从 C 开始。文件和文件夹在计算机中所处的位置称为"路径"。路径中各级文件夹用"\"隔开,如 C:\Windows\write.exe。

二、资源管理器简介

资源管理器是 Windows 系统提供的资源管理工具,可以用它查看本台计算机的所有资源,特别是它提供的树形的文件系统结构,能更清楚、更直观地认识计算机的文件和文件夹。利用它可以迅速地对文件进行操作,包括新建、更名、查看、移动、复制、删除、编辑、共享等。

启动资源管理器有很多方式,右键单击"开始"菜单或按键盘上的 <WinKey + E> 组合键都可以启动资源管理器。

> 温馨提示:双击桌面上"我的电脑"图标,打开的窗口具有一般 Windows 7 窗口的统一风格,也可以用来查看和管理所有的计算机资源。

三、资源管理器的窗口

1. 认识"资源管理器"

资源管理器的窗口非常直观地将计算机上所有存储介质及典型文件夹以树形结构放置在一起。资源管理器窗口包括标题栏、地址栏、菜单栏、左窗格、右窗格、搜索框和状态栏等几部分。左窗格是文件夹窗口,显示整个计算机资源的树形结构。单击图标前面的小图标可以折叠或显示下一级内容。右窗格是内容窗口,显示当前盘或文件夹(左窗格选择的对象)的具体内容,同时在地址栏里显示目标地址。

2. 库

库是 Windows 7 中比较抽象的文件组织功能,它能将计算机中类型相同的文件归类,给用户提供一种快捷的管理文件的方式。

用库管理文档、音乐、图片和其他文件的位置。可以使用与在文件夹中浏览文件相同的方式浏览文件,也可以查看按属性(如日期、类型和作者)排列的文件。在某些方面,库类似于文件夹。例如,打开库时将看到一个或多个文件。但与文件夹不同的是,库可以收集存储在多个位置中的文件。这是一个细微但重要的差异。

库实际上不存储项目,库保存的是文件夹的快捷方式。它们监视包含项目的文件夹,并允许用户以不同的方式访问和排列这些项目。例如,如果在硬盘和外部驱动器上的文件夹中有音乐文件,则可以使用音乐库,同时访问所有音乐文件。

Windows 7 的库功能默认提供四种分类,即视频、图片、文档和音乐。

3. 搜索框

计算机中存储的资源种类繁多,用户可以通过在左窗格中指定位置,在搜索框中输入关键字的一部分,便可以搜索文件了。随着关键字的增多搜索结果会被反复筛选,直到搜索到所需内容。如图 2-23 所示,在 D 盘搜索带"背景"关键词的文件或文件夹。

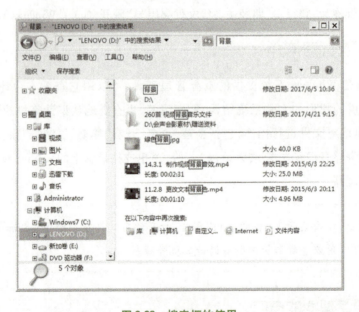

图 2-23 搜索框的使用

4. 地址栏

地址栏是 Windows 的"资源管理器"中的一个重要项目。通过地址栏用户可以知道当前打开的文件夹的名称,同时可以在地址栏中直接输入本地磁盘的地址或网址打开相应内容。单击地址栏每个按钮右侧的三角形标记,可以显示下拉菜单,方便用户快速找到需要的文件,如图 2-24 所示。

项目二　Windows 7 应用与操作

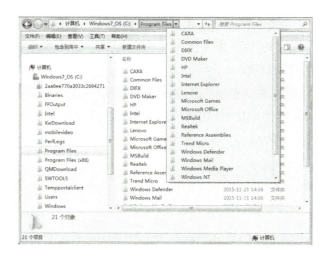

图 2-24　地址栏的使用

四、选定文件和文件夹

要对文件和文件夹进行操作,首先要准确地选定文件和文件夹,Windows 系统提供了丰富的对象选定方式。

1)选定单个文件或文件夹:在对象上单击。

2)选定一组连续的文件或文件夹:在第一个对象上单击,按住<Shift>键,然后在最后一个对象上单击。

3)选定非连续的多个文件或文件夹:按住<Ctrl>键,单击要选定的对象。

4)选定非连续的多组连续文件或文件夹:先选定一组连续对象,按住<Ctrl>键,再选定另一组连续对象。

5)用鼠标框选文件或文件夹:用鼠标拖拉出一个方框,框内对象被选定。

6)选定全部文件或文件夹:执行"编辑"菜单下的"全部选定"命令或者按<Ctrl + A>组合键,所有对象被选定。

7)反向选定:执行"编辑"菜单下的"反向选择"命令,所有当前没有处于选定状态的对象被全部选定。

任务实施

扫码收获更多精彩

1. 新建文件夹和文件

在 E 盘根目录下新建如图 2-25 所示的文件和文件夹,操作步骤如下:

1)在"开始"按钮上单击鼠标右键,执行快捷菜单上"打开 Windows 资源管理器"命令。

2)在左边窗格中单击"计算机"左侧图标后选择"E:"再在右边窗格中的空白处右键单击,弹出快捷菜单后,执行"新建"子菜单中的"文件夹"命令,输入文件夹名"Word 作业",按<Enter>键或单击窗格的空白处,文件夹就建好了。双击该图标,可以打开该文件夹。

3)用同样方法再建两个文件夹,名称分别是"流行音乐"和"学习教程"。

4)双击"流行音乐"文件夹,打开该文件夹,利用同样的方法在该文件夹中新建"刘德华专辑"和"张国荣专辑"两个子文件夹。

5)在右边窗格中的空白处单击鼠标右键,弹出快捷菜单后,分别使用"新建"子菜单下的"文本文档""Microsoft Word 文档""BMP 图片文件"命令,新建三个文件:"简介.txt""课程表.docx""小桥流水.bmp",如图 2-26 所示。

图 2-25　新建文件夹　　　　　　　　　　　图 2-26　新建文件

> 温馨提示:在资源管理器窗口的"文件"和"编辑"菜单中,可以完成新建、复制、移动、删除、重命名等很多对文件及文件夹的操作。

2. 复制文件夹

使用鼠标拖动操作将"学习教程"文件夹复制到"Word 作业"文件夹中。用鼠标左键单击"学习教程"文件夹的图标并同时按住 <Ctrl> 键,将其拖到"Word 作业"文件夹上后松开鼠标左键即可,如图 2-27 所示。

图 2-27　复制文件夹

温馨提示：在不同磁盘分区上进行文件和文件夹复制时，按住＜Ctrl＞键同时按住鼠标左键不松手，然后将其拖到目标位置即可。

3. 移动文件

使用"编辑"菜单中的"移动到文件夹"命令将"小桥流水.bmp"文件移动到"Word作业"文件夹中。单击"小桥流水.bmp"文件的图标，选定该文件；使用"编辑"菜单下的"移动到文件夹"命令，系统弹出"移动项目"对话框，在该对话框中选择目标文件夹（"Word作业"文件夹），单击"移动"按钮即可，如图2-28所示。

图2-28　移动文件

温馨提示：如果要将源对象放置到一个新的文件夹中，可以单击"移动项目"对话框中的"新建文件夹"按钮，建立完一个新文件夹后，再来执行"移动"命令。

技巧点滴：在同一个磁盘分区上，可使用鼠标拖动操作快速移动文件与文件夹；在不同的磁盘分区上，可在拖动鼠标时按住＜Shift＞键来快速移动文件与文件夹。

4. 复制文件

使用鼠标右键拖动操作将"课程表.doc"文件复制到"学习教程"文件夹中。先按住鼠标右键拖动"课程表.doc"文件到"学习教程"文件夹后，松开鼠标右键，会弹出快捷菜单，如图2-29所示，执行"复制到当前位置"命令即可完成文件的复制。

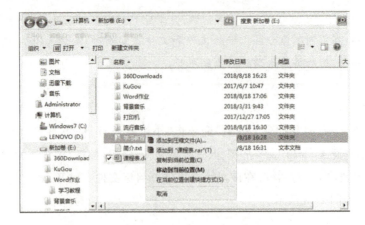

图 2-29　复制文件

> 温馨提示：文件或文件夹也可以被复制到可移动磁盘中。右击要复制的文件或文件夹，在快捷菜单中选择"发送到"子菜单下的移动磁盘相应的位置即可。

5. 重命名文件

重命名文件即给指定的对象起一个新的名字，如将文件"简介.txt"重命名为"学校概况.txt"。

选取文件"简介.txt"，执行"文件"菜单或者选中对象后单击鼠标右键选择快捷菜单中的"重命名"命令，该文件名将变为一个文本输入框，输入一个新的名字"学校概况.txt"，最后单击窗格空白处或按＜Enter＞键完成文件的重命名，如图 2-30 所示。

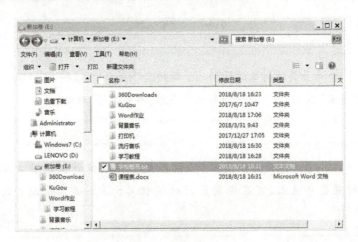

图 2-30　重命名文件

> 技巧点滴：选中文件或文件夹对象后单击对象名，或者按＜F2＞键，都能打开重命名文本输入框。

6. 删除文件夹

删除"张国荣专辑"文件夹。双击打开"流行音乐"文件夹,选定"张国荣专辑"文件夹对象,按<Delete>键,弹出"删除文件夹"对话框,如图2-31所示,单击"是"按钮,即将选定的"张国荣专辑"文件夹删除,放到了"回收站"。

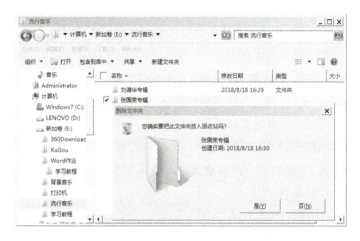

图 2-31　删除文件夹

> 温馨提示:双击"回收站",选择对象,右键单击该对象,在快捷菜单里执行"还原"命令即可以进行恢复操作。如果要永久删除某个文件与文件夹,只需要在"回收站"里选中它并执行快捷菜单里的"删除"命令或者"清空回收站"命令来全部永久删除。

> 技巧点滴:执行"删除"命令时,如果同时按<Shift>键,则被删除的对象不会进入回收站,弹出确认删除对话框后,单击"是"按钮则直接删除,不可恢复。

任务拓展

一、设置文件夹选项

执行资源管理器"工具"菜单下的"文件夹选项"命令,将弹出"文件夹选项"对话框,如图2-32所示。

1)"常规"选项卡指定浏览与打开的方式。
2)"查看"选项卡指定显示文件夹时的风格与特性。
3)"搜索"选项卡用来设置搜索内容和方式。

例如,单击"查看"选项卡,在"高级设置"下拉列表框里将"显示隐藏的文件、文件夹和驱动器"单选按钮选中,则系统中隐藏的文件可以在资源管理器中查看到。相反

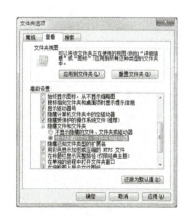

图 2-32　"文件夹选项"对话框

将"不显示隐藏的文件、文件夹或驱动器"单选按钮选中,则将在资源管理器中看不到这些隐藏的文件。这是一种简单保护重要文件的方式。

二、剪贴板

剪贴板是内存中一块临时存储区域,用来存放从一个地方复制或移动并打算在其他地方使用的信息。剪贴板工具使得各种应用程序之间传递和共享信息成为可能。

1. 将信息复制到剪贴板的操作方法

选择信息(文本或图形),然后执行"编辑"菜单中的"剪切(<Ctrl + X>组合键)"或"复制(<Ctrl + C>组合键)"命令,将所选内容移至剪贴板。

2. 复制整个屏幕或窗口到剪贴板的操作方法

按<PrtSc>键,会将屏幕的图像复制到 Windows 剪贴板,这称为"屏幕捕获"或"屏幕快照"。

按 <Alt + PrtSc>组合键,可将当前活动窗口复制到 Windows 剪贴板。

3. 从剪贴板中粘贴信息的操作方法

方法一:执行"编辑"菜单中的"粘贴"命令。

方法二:按<Ctrl + V>组合键。

方法三:单击鼠标右键,在快捷菜单中选择"粘贴"命令。

方法四:单击功能区上的"粘贴"按钮。

三、创建快捷方式

快捷方式是 Windows 提供的一种快速启动程序,或打开文件、文件夹的方法。快捷方式是指向计算机上某个项目(如文件、文件夹或程序)的链接方式。双击快捷方式可以快速打开该对象。快捷方式图标上左下角的箭头可用来区分快捷方式和原始文件。创建快捷方式的操作方法有三种。

方法一:按住<Alt>键拖动该对象到目标位置。

方法二:打开要创建快捷方式的项目所在的位置,在该项目上单击鼠标右键,在快捷菜单中选择"创建快捷方式"。新的快捷方式将出现在原始项目所在的位置上,将新的快捷方式拖动到所需位置。

方法三:在该项目上单击鼠标右键,在快捷菜单中选择"发送到"下拉菜单中的"桌面快捷方式"。

任务考核

一、实战演练

1. 在 D 盘根目录下建立"照片"和"资料"两个文件夹,分别在这两个文件夹中新建一个名为"课件"的演示文稿文件和一个名为"下载工具的使用"的 Word 文档。

2. 将"资料"文件夹重命名为"竞赛资料",将其中的"下载工具的使用"Word 文档移动到 D 盘根目录下。

3. 将名为"课件"的演示文稿文件复制到 D 盘根目录下并重命名为"微课",文件类型不变。

4. 在 C 盘搜索一个文本文档,复制到"竞赛资料"文件夹中,删除"微课"演示文稿文件。

二、小试牛刀

1. Windows 7 中有四个默认的库,分别为_____、_____、_____、_____。
2. 在 Windows 7 操作系统中,文件名的类型可根据_____来识别。
3. 被删除的文件或文件夹,一般先放入_____。
4. 若想直接删除文件或文件夹,而不是将其移动到"回收站",可在拖到"回收站"图标时按住键盘上的_____键。
5. 快速启动资源管理器,可按_____组合键。

任务评价

序号	任务评价细则	任务评价结果		
		自评	小组互评	师评
1	新建文件、文件夹与重命名操作			
2	文件、文件夹的选定操作			
3	文件、文件夹的复制、移动、查找、删除操作			
4	实战演练完成情况			
5	小试牛刀掌握情况			
评价(A、B、C、D 分别表示优、良、合格、不合格)				
任务综合评价				

任务三 "荷塘月色"图画的绘制

任务描述

本任务是利用 Windows 7 自带的画图工具绘图,效果如图 2-33 所示。

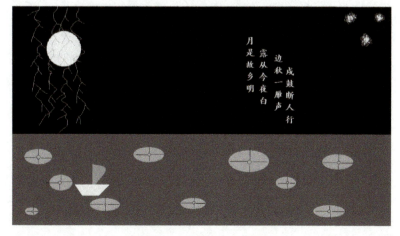

图 2-33 "荷塘月色"效果图

任务分析

Windows 7 自带一种画图工具,功能简单实用,可以用于制作简单美观的图画。本任务的主要内容是绘制一幅简单的以"荷塘月色"为主题的图画,如图 2-33 所示。

通过本任务的学习,要达到以下目标:
1)掌握"画图"程序的基本概念。
2)熟悉"画图"程序的工作窗口。
3)掌握画图工具的使用方法。
4)掌握利用画图工具绘制简单图画的方法。

任务引导

一、"画图"程序简介

"画图"程序是 Windows 7 系统在"附件"中提供的一个位图编辑程序。它可以绘制简笔画、水彩画等,也可以绘制比较复杂的艺术图案;它也可以编辑、处理图片,为图片加上文字说明,对图片进行挖、补、裁剪处理,还支持翻转、拉伸、反色等操作;在编辑完成后,可用 BMP、JPEG、GIF 等文件格式保存。"画图"程序具有完成一些常见图片的编辑器的基本功能,用它来处理图片,方便实用,效果不错。

二、"画图"程序的工作窗口

单击"开始"按钮,选择"所有程序"项中"附件"子菜单,执行"附件"中的"画图"命令,就能启动"画图"程序。启动后,系统创建一个工作窗口,并自动建立一个空图片编辑区。其工作窗口如图 2-34 所示。

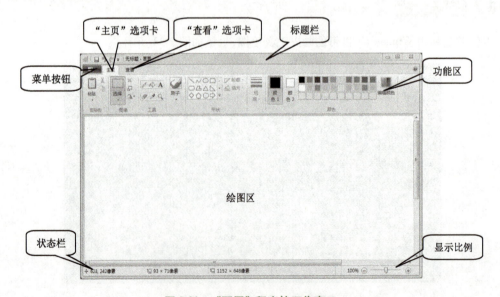

图 2-34 "画图"程序的工作窗口

"画图"程序的工作窗口主要由以下几部分组成：

(1)标题栏　标明当前文件的文件名、应用程序名、程序控制按钮等。

(2)菜单按钮　单击此处可对文件进行打开、保存或打印，可以查看或对图片进行其他操作。

(3)"主页"选项卡　提供了"画图"程序的大部分功能区，包括"工具""形状""颜色"等。

(4)"查看"选项卡　提供进行图画缩放、显示、隐藏的功能区。

(5)绘图区　处于整个界面的中间，为用户提供画布。

(6)状态栏　显示各种状态或提示，以及光标的精确坐标。

(7)显示比例　查看和调整图画的显示比例。

三、画图工具的使用

画图工具主要集中在"主页"选项卡上，主要包含"剪贴板""图像""工具"等功能区。

(1)剪贴板　此功能区可以对选定的图形进行复制、剪切、粘贴操作。

(2)图像　此功能区可以对图画进行选定、剪切、调整大小、扭曲、旋转等操作。

(3)工具　此功能区提供了"画图"程序的基本画图工具"铅笔""刷子"等，还提供了"放大镜"工具。

(4)形状　此功能区提供矩形、椭圆形等特殊形状的绘制工具及轮廓、形状的填充工具及宽度设置工具。

(5)绘图区　处于整个界面的中间，为用户提供画布。

(6)颜色　设置前景色和背景色，选择"用颜色填充"工具后，单击鼠标左键填充前景色，单击鼠标右键填充背景色。

绘制"荷塘月色"图画效果图，其操作步骤如下。

扫码收获更多精彩

1. 绘制背景

1)单击"形状"功能区的"直线"按钮，按住＜Shift＞键画一条水平直线（右侧至边界），如图2-35所示。

2)将"颜色1"设置为黑色，"颜色2"设置为深蓝色，再用"用颜色填充"工具分别将直线上部填充成黑色；直线下部填充成深蓝色，如图2-36所示。

2. 绘制圆和椭圆

1)单击"形状"功能区"椭圆"按钮并将"颜色1"设置为黄色，按住＜Shift＞键画一个圆形，将内部也填充为黄色，如图2-36所示。

2)利用同样的方法在湖面上画几个实心椭圆，颜色为绿色，如图2-36所示。

3)将"颜色1"设置为黑色，利用"椭圆"工具绘制荷叶中间的圆形，利用"直线"工具绘制出荷叶的细纹，如图2-37所示。

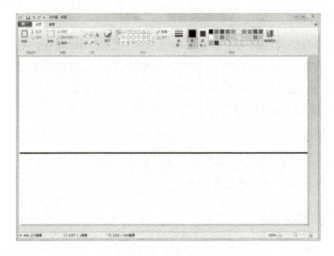

图 2-35　绘制直线

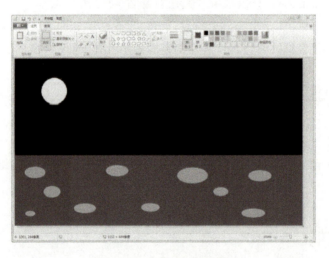

图 2-36　绘制圆和椭圆

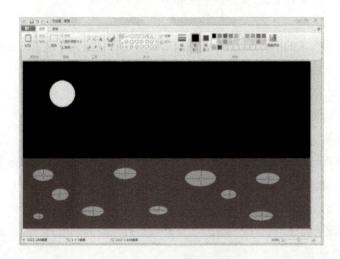

图 2-37　绘制荷叶细纹

3. 画柳条

单击"工具"功能区的"铅笔"按钮,将"颜色 1"设置为绿色,画出柳条。

4. 画小船

1)利用"形状"功能区的"曲线"工具画出船帆,再将其填充成红色。

2)利用"形状"功能区的"多边形"工具,按住 < Shift > 键画出船舱,再利用"用颜色填充"工具将"颜色 1"设置为黄色,将船舱填充成黄色。

5. 输入文字

1)单击"工具"功能区的"文本"按钮,将"颜色 1"设置为黄色,"颜色 2"设置为黑色,在图片的右边拖出一个矩形框(窄框便于书写竖排文字),在打开的窗口中单击"透明"按钮,选择字体为楷体,字号为 20,加粗。输入第一句诗句文字,利用同样的办法输入其他诗句,如图 2-33 所示。

2)单击"刷子"按钮下方的三角号选择"喷枪"工具,在文字的右上角喷出几朵自己喜爱的小花,注意花的大小和颜色变化。

6. 保存该图画

单击"菜单"按钮下的"另存为"选项,弹出"保存为"对话框,指定文件存放路径及文件名、保存类型后,单击"保存"按钮将当前编辑的图画文件保存。

一、"画图"程序的其他功能

1. 设置桌面背景

在"画图"程序中绘制一幅个性图画,或打开一张喜欢的图片,单击"菜单"按钮,执行"设置为桌面背景(B)"命令下的一个子命令("填充""平铺""居中"三种方式),即可将当前图片设置为桌面壁纸。

2. 截取屏幕窗口

如果要截取屏幕上显示的画面,只需先按一下 < PrtSc > 键(如欲截取当前活动窗口中的画面,则要按 < Alt + PrtSc > 组合键)。然后打开"画图"程序,执行"剪贴板"功能区的"粘贴"命令,即将桌面或活动窗口画面粘贴到"画图"程序中,单击"菜单"按钮,执行"保存"命令即可把屏幕窗口或对话框保存为图片文件。

3. 转换图形格式

Windows 7 中的"画图"程序能够处理 PNG、BMP、JPEG、GIF 等多种图像格式。如果需要将某张图像保存为其他图片格式,则可以利用"画图"程序打开它,然后单击"菜单"按钮,执行"另存为"命令把它们保存为其他格式。

4. 裁剪图片

如果需要从一张图片中截出一部分来使用,通常都是使用专业图形处理程序来剪裁,但是这样做非常麻烦,有时还会出现一些不尽如人意的效果,如长宽比失调、区域丢失等。其实,利用

"画图"程序可以很快解决这类问题。先选择"图像"功能区的"矩形选择"工具，然后选中自己所要的区域，再单击"裁剪"工具按钮即可裁剪出自己需要的图画，最后将裁剪后的图画保存起来。

二、绘图工具使用技巧

每种绘图工具有不同的功能，在使用中要注意是否有工具选项及工具选项的变化，如图2-38所示。

（1）选择形状　为方便选择图画，可选择不同的"选择形状"和"选择选项"。

（2）选择粗细　绘制几何图形的时候，选择不同的粗细可绘制出不同宽度轮廓线的图形。

（3）选择刷子　刷子有9种，如刷子、书法笔刷、喷枪等。

（4）选择透明　选择是否用透明的背景填充。

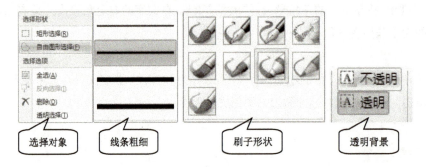

图2-38　工具选项

> ☞技巧点滴：在绘图过程中，按住<Shift>键可以绘制更规整的线条和形状，如圆、正方形、水平线、垂直线、45°线、135°线等。利用"颜色选取器"工具可以复制颜色。

一、实战演练

利用"画图"程序，以"低碳·绿色·环保"为主题，绘制一幅宣传画。

二、小试牛刀

1. 用户可将"画图"程序绘制的图画设置为桌面背景，分为填充、_____、_____三种方式。

2. 利用"画图"程序绘制正方形时，要先单击"形状"功能区的_____工具按钮，再按住键盘上的_____键进行拖动绘制图形。

3. 在"画图"程序中，单击"用颜色填充"工具按钮后，要填充"颜色1"的颜色需单击鼠标_____键，要填充"颜色2"的颜色需单击鼠标_____键。

4. 在"画图"程序中，可将绘制完成的图画保存成_____、_____、_____等格式的文件。

5. 在"画图"程序中,按键盘上的功能键_____可将图画全屏显示。

任务评价

序号	任务评价细则	任务评价结果		
		自评	小组互评	师评
1	熟悉"画图"程序的窗口组成			
2	学会使用"画图"程序的各种工具			
3	顺利完成"荷塘月色"图画的绘制			
4	实战演练完成情况			
5	小试牛刀掌握情况			
评价(A、B、C、D 分别表示优、良、合格、不合格)				
任务综合评价				

任务四 用户账户的管理

任务描述

本任务要达到的效果如图 2-39 所示。

图 2-39 "管理账户"窗口

任务分析

Windows 7 是多用户操作系统。不同的用户拥有的系统权限也不相同,在使用计算机的过程

中，系统对计算机安全的设置，使管理员可以约束其他账户，从而保证了本地计算机的安全。本任务的主要内容是利用控制面板进行用户账户的管理，如图2-39所示。

通过本任务的学习，要达到以下目标：

1）了解控制面板的作用。

2）掌握管理用户账户的操作方法。

3）掌握添加和删除应用程序的操作方法。

4）掌握设定系统日期和时间的操作方法。

一、控制面板的作用

控制面板是Windows图形用户界面的一部分，可通过"开始"菜单访问。它允许用户查看并操作基本的系统设置，如添加/删除软件，添加或删除用户账户等。

1. 打开控制面板

单击桌面上"开始"按钮打开"开始"菜单，在弹出的菜单中选择"控制面板"命令，打开"控制面板"窗口，如图2-40所示。在窗口中可以通过选择"查看方式"列表中的不同命令更改查看方式。

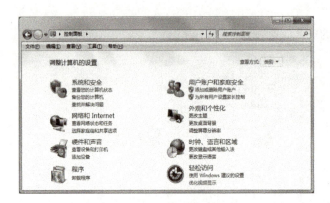

图2-40 "控制面板"窗口

温馨提示："控制面板"窗口中的"查看方式"有类别、小图标、大图标3种，用户可根据需要进行选择。用户利用"控制面板"窗口可以轻松地对系统进行设置和管理。

2. 控制面板的作用

控制面板主要用于调整计算机的下列设置：

（1）系统和安全 查看和更改计算机系统和安全状态，检查防火墙状态，检查计算机更新、备份和还原等。

(2)用户账户和家庭安全　更改账户,添加和删除账户,更改 Windows 密码,为所有用户设置家长控制等。

(3)网络和 Internet　查看网络状态和任务,网络连接和主页设置,查看网络计算机和设备等。

(4)外观和特性　设置个性化桌面,设置桌面显示、自定义任务栏和"开始"菜单、文件夹选项等。

(5)硬件和声音　添加和删除打印机和其他硬件,更改系统声音,自动播放 CD,设置电源选项等。

(6)时钟、语言和区域　更改计算机日期、时间、时区等,更改键盘和其他输入法。

(7)程序　卸载或更改程序,添加或卸载桌面小工具,还原桌面小工具等。

(8)轻松访问　使用 Windows 建议的设置,优化视频显示,更改鼠标的工作方式等。

二、用户账户管理

Windows 7 系统允许管理员设定多个用户并赋予每个用户不同的权限,从而使各个用户在使用同一台计算机时可以互不干扰。Windows 7 中有三种不同类型的账户,即 Administrator(管理员账户)、Guest(来宾账户)和标准用户账户。Administrator(管理员账户)和 Guest(来宾账户)是系统内置的账户。

1) Administrator(管理员账户)具有系统管理员的权限,拥有对计算机最大的控制权限,可以执行整台计算机的所有管理任务。

2) Guest(来宾账户)仅有最低的权限,只能查看计算机中的信息,不能安装、删除任何软件和硬件。

3) 标准用户账户是由用户自己创建的账户,有一定权限限制,不能对系统的重要设置进行更改。可用管理员组的成员账户登录到计算机来建立和管理用户账户,更改用户账户类型,为账户分配权限。

在"控制面板"窗口中单击"用户账户和家庭安全"链接,打开"用户账户和家庭安全"窗口,如图 2-41 所示。然后单击"用户账户"链接,在"用户账户"窗口(见图 2-42)中,可以通过"更改用户账户"下的操作更改用户密码,删除密码或更改账户图片。通过"管理其他账户"操作可以创建新的账户,启用来宾用户等操作。

图 2-41　"用户账户和家庭安全"窗口

图 2-42　"用户账户"窗口

三、添加或删除程序

在"控制面板"窗口中单击"程序"链接,继续单击"程序和功能"链接,打开"程序和功能"窗口,如图 2-43 所示。然后选中要卸载的程序"Autodesk AutoCAD 2014",单击"卸载/更改"按钮,打开软件操作窗口,如图 2-44 所示,用户可通过单击不同的按钮对软件进行卸载、重新安装等操作。选择不同的程序,后续操作会有所不同。

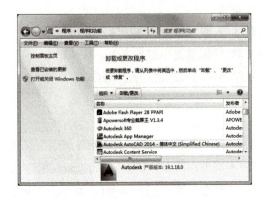

图 2-43　"程序和功能"窗口

图 2-44　"AutoCAD 软件卸载/更改进程"窗口

四、设置系统日期和时间

在"控制面板"窗口中单击"时钟、语言和区域"链接,继续单击"日期和时间"链接,打开"日期和时间"对话框,如图 2-45 所示。单击"更改日期和时间"按钮,打开"日期和时间设置"对话框,如图 2-46 所示。选择正确的日期,调整好时间后单击"确定"按钮即可。

图 2-45　"日期和时间"对话框

图 2-46　"日期和时间设置"对话框

为了方便也可设置时间与 Internet 时间服务器同步,这时需在"日期和时间"对话框中选择"Internet 时间"选项卡,单击"更改设置"按钮,打开"Internet 时间设置"对话框,如图 2-47 所示。勾选"与 Internet 时间服务器同步",单击"立即更新"按钮后再单击"确定"按钮。

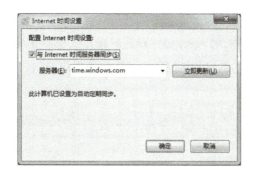

图 2-47　设置系统时间与 Internet 时间服务器同步

1. 创建新账户

在 Windows 7 系统中，可以创建不同权限的新用户，其具体操作步骤如下：

1）在"控制面板"窗口中单击"用户账户和家庭安全"链接，在弹出的窗口中继续单击"用户账户"链接，再单击"管理其他账户"链接打开"管理账户"窗口，如图 2-48 所示。

图 2-48　"管理账户"窗口

2）在"管理账户"窗口中，可以看到系统已有的两个账户。单击下方的"创建一个新账户"链接即开始创建一个新的账户，如图 2-49 所示。

图 2-49　"创建新账户"窗口

3）在"创建新账户"窗口中，输入账户名"我的新账户"，选择账户类型为"管理员"，单击"创建账户"按钮，即完成新用户的创建，同时窗口返回到"管理账户"窗口，如图2-50所示，界面上多出一个新账户"我的新账户"。

图2-50　完成账户创建

2. 更改账户

账户创建完成后，还可以对账户进行设置密码，更改权限、名称、图片等操作。这时需在"管理账户"窗口中单击需要更改的账户，即可进入"更改账户"的窗口，如图2-51所示。

图2-51　更改账户

（1）更改账户名称　在"更改账户"窗口中单击"更改账户名称"链接，打开"重命名账户"窗口，输入新的账户名"新账户"，单击"更改名称"按钮即可，如图2-52所示。

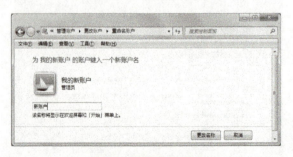

图2-52　更改账户名称

(2)创建密码　在"更改账户"窗口中单击"创建密码"链接,打开"创建密码"窗口,输入新密码以及确认密码后单击"创建密码"按钮即可,如图 2-53 所示。

如要删除密码,则可在"更改账户"窗口中单击"删除密码"链接按相关提示进行。

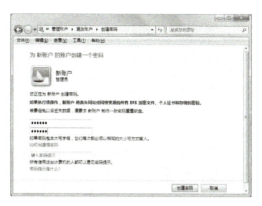

图 2-53　创建密码

(3)更改账户图片　在"更改账户"窗口中单击"更改图片"链接,打开"选择图片"窗口,单击选择第四行第四列图片,单击"更改图片"按钮即可,如图 2-54 所示。

图 2-54　更改账户图片

(4)更改账户类型　在"更改账户"窗口中单击"更改账户类型"链接,打开"更改账户类型"窗口,将账户类型更改为"标准用户",单击"更改账户类型"按钮即可,如图 2-55 所示。

图 2-55　更改账户类型

3. 开启来宾用户

在 Windows 7 系统中，默认情况下 Guest 用户是禁用的。单击选择"Guest"用户打开"启用来宾用户"窗口，单击"启用"按钮即可，如图 2-56 所示。

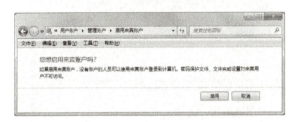

图 2-56　启用来宾用户

启用来宾用户后返回到"管理账户"窗口。

一、用户快速管理

在桌面"计算机"图标上单击鼠标右键，在弹出的快捷菜单中选择"管理"命令，打开"计算机管理"窗口。在窗口左侧树形分支中依次展开"系统工具""本地用户和组"，选择"用户"分支，在右侧的窗格中可以看到计算机的所有账户，如图 2-57 所示。单击选择一个账户，在右边的"操作"窗格中的"更多操作"列表中可以选择管理账户的操作，也可以通过单击鼠标右键利用快捷菜单操作。

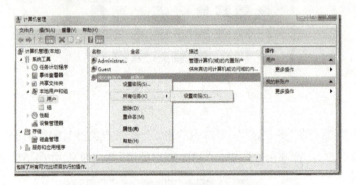

图 2-57　"计算机管理"窗口

二、启用家长控制功能

Windows 7 系统提供了家长控制功能，可以对计算机账户进行控制，控制少儿对某些网站的访问权限、允许玩的游戏以及可以允许的程序。其具体操作步骤如下：

1）打开"控制面板"窗口中的"用户账户和家庭安全"窗口，然后单击"家长控制"链接打开"家长控制"窗口，如图 2-58 所示。

图 2-58 "家长控制"窗口

2)单击选择"新账户"账户,打开"用户控制"窗口,启用"家长控制"。

3)依次打开"时间限制""游戏""允许和阻止特定程序"链接进行精确设置后单击"确定"按钮即可,完成后如图 2-59 所示。

图 2-59 "用户控制"设置

一、实战演练

1. 删除用户"新账户",关闭"来宾用户"。

2. 创建一个新用户账户,名称为"临时账户",账户类型为"管理员"。

3. 为"临时账户"设置密码为"123456",图片设置为"足球"图片。

4. 将"临时账户"类型更改为"标准用户"。

完成后重新启动计算机以"临时用户"身份进入计算机操作系统。

二、小试牛刀

1. "控制面板"窗口"查看方式"有_____、_____、_____三种，用户可根据需要进行选择。

2. 要安装或删除应用程序，可以打开"控制面板"窗口，执行其中的_____命令。

3. 要更改系统日期和时间，需要在"控制面板"窗口中单击_____按钮进行设置。

4. 在进行用户账户管理时，"管理账户"窗口中可以看到系统已有的两个账户，分别是_____和_____。

5. 要进行用户快速管理，可以在桌面上用鼠标右键单击"计算机"图标，在弹出的快捷菜单中选择_____命令，打开"计算机管理"窗口。

序号	任务评价细则	任务评价结果		
		自评	小组互评	师评
1	了解控制面板的作用			
2	学会用户账户的创建、设置密码、更改图片和类型等操作方法			
3	能进行软件的安装与卸载			
4	实战演练完成情况			
5	小试牛刀掌握情况			
评价（A、B、C、D分别表示优、良、合格、不合格）				
任务综合评价				

项目三
Word 2010 应用与操作

任务一　感谢信的制作
任务二　家书的制作
任务三　课程表的制作
任务四　荣誉证书的制作
任务五　书刊页面的编排
任务六　世界技能大赛宣传画的制作

任务一　感谢信的制作

**任务描述**

本任务要达到的效果如图 3-1 所示。

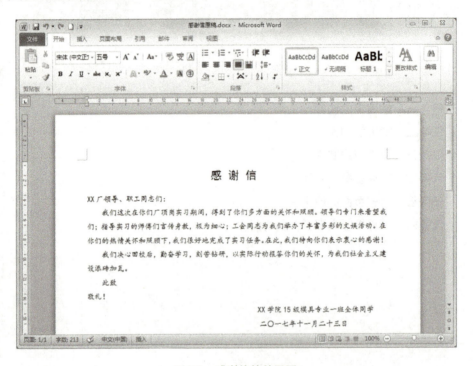

图 3-1　感谢信的效果图

**任务分析**

Word 2010 是 Office 2010 办公软件中功能强大的文档处理工具,利用它可以更轻松、高效地组织和编写文档等。在完成文本的录入之后,为了使文档层次分明、版面美观,需要对文档进行必要的格式设置,也就是文档格式化。本任务主要内容是制作一封感谢信,如图 3-1 所示。

通过本任务的学习,要达到以下目标:

1)熟悉 Word 2010 的操作窗口。

2)掌握文档的创建、文本输入及文档保存的方法。

3)掌握文本的选定方法。

4)掌握字体、字号、字符间距等设置方法。

5)掌握段落缩进、对齐等操作方法。

一、Word 2010 的操作窗口

在使用 Word 2010 之前,需要先认识 Word 2010 的操作窗口、文档视图显示方式并掌握 Word 文档的基本操作。在计算机中安装 Word 2010 后,可以通过双击桌面上的快捷方式 或通过"开始"菜单等方式启动软件,启动后的操作窗口如图 3-2 所示。窗口中包含了 Word 工作所需的基本元素,主要由标题栏、快速访问工具栏、选项卡、功能区、文档编辑区、状态栏等部分组成。下面只讲述 Word 2010 与早期版本不同的组成部分。

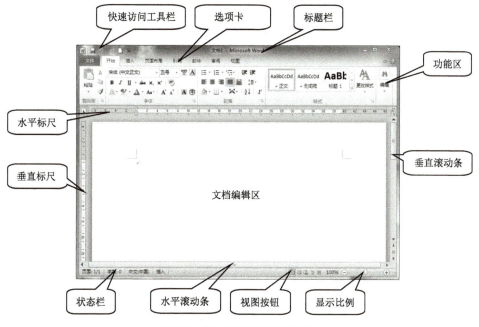

图 3-2 Word 2010 的操作窗口

(1)快速访问工具栏 快速访问工具栏显示一些常用的工具按钮。默认按钮依次为"保存""撤销"和"恢复",用户可以单击右侧的"自定义快速访问工具栏"按钮来定义显示的工具按钮。

(2)选项卡 单击选项卡可以分别切换到相应的选项卡,每个选项卡对应自己的功能区。

(3)功能区 不同的功能区名称对应不同的功能区面板,功能区面板包含若干工具组和命令按钮,功能区的命令按钮涵盖了 Word 的各种功能。

二、选定文本的方法

在 Word 中,编辑或排版文本之前,首先要选定文本。选取文本的方法有多种,可利用鼠标或键盘操作,具体操作方法见表 3-1。

表 3-1　选取文本对象的操作方法

选取文本内容	操作方法
一般选取	将鼠标指针移至对象前,按住鼠标左键拖曳到对象末尾,按住<Ctrl>键拖曳可加选其他的文本
选取一行	在该行左侧的选定区(指针变成斜向右上方箭头)单击
选取一句	按住<Ctrl>键,单击该句中任意一个地方
选取一个段落	在所选段落的任意位置连续三次单击鼠标左键
选取矩形区域	按住<Alt>键同时按住鼠标左键拖曳鼠标
选取整页	在该页开始处单击,然后按住<Shift>单击页的结尾处
选取全部文本	按<Ctrl+A>组合键
撤销选取的文本	在选定区域外的任何地方单击

三、字符的格式

字符格式包括字体、字号、字形、字符颜色、字符间距和效果等。在 Word 2010 中,字符格式可以使用"开始"选项卡"字体"工具组中的按钮(见图3-3)或单击"字体"工具组对话框启动器(或按<Ctrl+D>组合键)打开"字体"对话框(见图3-4)进行设置。

图3-3　"字体"工具组

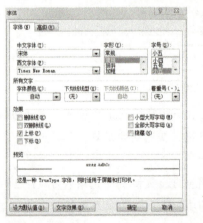 

图3-4　"字体"对话框

1. 字体

字体指字符的形体所呈现的风格样式。Word 2010 为用户提供多种字体,如宋体、楷体、黑体、隶书等,默认字体为宋体。一种字体可以应用于全文,也可以只应用于文档的一部分。

2. 字号

字号指字符的大小,默认字号为五号。字符的大小有两种表示方法:一种是以打字机字号表示,多用于中文字符,从初号到八号,号码越大,字符越小;另一种以磅值表示,72磅=1英寸,多用于西文字符。

3. 字形

字形指附加于文字的一些属性,包含常规、加粗、倾斜、加粗倾斜四种,设置特殊字形可突出显示某些文本。

4. 字符修饰

在 Word 中,用户还可以对字符进行修饰,包括给字符设置颜色,添加下划线、着重号等。此外,还可设置字符间距、字符效果等。

四、段落的格式

段落格式包括段落缩进、行间距、段落间距、对齐方式等。在 Word 2010 中,段落的格式可以使用"开始"选项卡"段落"工具组(见图 3-5)上的按钮或单击工具组右下角的对话框启动器打开"段落"对话框进行设置。

图 3-5 "段落"工具组

1. 段落缩进

段落缩进指段落文本相对于左、右页边距的位置。段落缩进的目的是使文档的段落显示得更加条理清晰。Word 2010 有以下四种缩进方式。

1)首行缩进:段落首行文本的左边界向右缩进一段距离,其余各行不变。

2)悬挂缩进:段落中除首行文本不变外,其余各行的左边界向右缩进一段距离。

3)左缩进:整个段落的左边界向右缩进一段距离。

4)右缩进:整个段落的右边界向左缩进一段距离。

四种缩进方式中,除首行缩进和悬挂缩进不能并用外,其余方式可以组合使用。

2. 行间距

行间距指一个段落内行与行之间的距离。行间距的设置有单倍行距、1.5 倍行距、2 倍行距、多倍行距、最小值、固定值六个选项。其中,单倍行距、1.5 倍行距、2 倍行距、多倍行距是根据字符的高度大致设置的行距;最小值和固定值是精确设置的行距,要输入磅值。Word 中默认的行距是单倍行距。

3. 段落间距

段落间距指文档中段落与段落之间的间隔距离,段落间距分为段前间距和段后间距。

4. 对齐方式

段落的对齐方式指段落中每一行文本的水平对齐方式。Word 2010 有以下五种对齐方式。

1)左对齐:将段落中的各行左边对齐,右边允许不对齐。

2)居中:使所选的文本居中排列,距页面的左、右边距离相等。

3)右对齐:将段落中的各行右边对齐,左边允许不对齐。

4)两端对齐:将所选段落的每行文本首尾同时对齐,但未录满的行保持左对齐。

5)分散对齐:通过调整字符间距,使所选段落的各行首尾对齐。

Word 2010 默认的对齐方式是两端对齐。

 任务实施

1. 新建一个 Word 文档

启动 Word 2010 后,系统会自动创建一个空白文档或执行"文件"选项卡中的"新建"命令,在弹出的窗口中单击"空白文档"图标,再单击"创建",就新建立了一个空白文档,如图 3-6 所示。

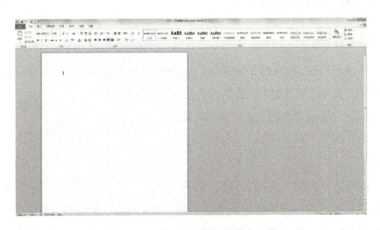

图 3-6　新建一个 Word 文档

2. 输入文本

如图 3-7 所示,输入感谢信的内容。输入日期时,可单击"插入"选项卡"文本"工具组中的"日期和时间"按钮,在弹出的"日期和时间"对话框(见图 3-8)中选择一种格式的日期,最后单击"确定"按钮完成设置。

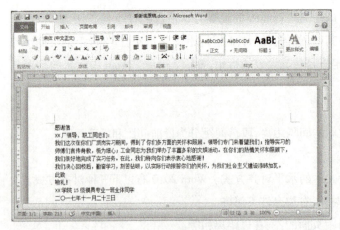

图 3-7　输入文本

图 3-8　"日期和时间"对话框

> 技巧点滴：按<F4>功能键可重复上一步操作。例如要输入文本"abc"，输完以后按下<F4>键，就会自动再输入一遍"abc"。

3. 设置标题格式

1) 设置标题字体、字号、对齐方式。选定标题文字，在"开始"选项卡"字体"工具组中设置字体为"黑体"，字号为"小二"，在"段落"工具组中设置对齐方式为"居中"，如图3-9所示。

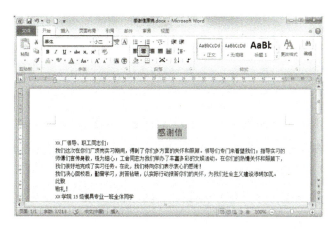

图3-9　设置标题格式

2) 设置标题字符间距。选定标题文字，单击"字体"工具组右下角的对话框启动器按钮打开"字体"对话框，单击"高级"选项卡，设置"间距"为"加宽"，"磅值"为"5磅"，最后单击"确定"按钮完成设置，如图3-10所示。

3) 设置标题段落格式。选定标题文字，单击"段落"工具组右下角的对话框启动器按钮打开"段落"对话框，在"缩进和间距"选项卡的"间距"栏中，设置"段前"和"段后"均为"0.5行"，最后单击"确定"按钮完成设置，如图3-11所示。

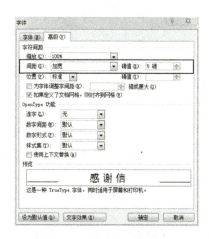 

图3-10　设置标题字符间距　　图3-11　设置标题段落间距

> 技巧点滴：如果要求设置的段落格式单位与 Word 系统给出的单位不相同，如要求设置首行缩进"0.75 厘米"，而系统默认的是"2 字符"，此时可以手动修改文本框中的单位，即直接输入"0.75 厘米"。

4. 设置除标题以外文本的格式

用"鼠标拖动法"，选定除标题以外的所有文本，在"字体"工具组设置字体为"楷体"，字号为"小四"。

仍然选定除标题以外的所有文本，在"段落"对话框中"缩进和间距"选项卡的"间距"栏中，设置行距为"固定值""22 磅"，最后单击"确定"按钮完成设置，如图 3-12 所示。

5. 设置首行缩进

选定"感谢信"的第二、三、四段，打开"段落"对话框，(见图 3-12)，在"缩进和间距"选项卡的"缩进"栏中，设置特殊格式为"首行缩进""2 字符"，最后单击"确定"按钮完成设置。

6. 设置第六段署名部分对齐方式

选定"感谢信"的第六段，打开"段落"对话框，在"缩进和间距"选项卡的"常规"栏中，设置对齐方式为"右对齐"，在"缩进"栏中，设置右缩进为"2 字符"，最后单击"确定"按钮完成设置，如图 3-13 所示。

图 3-12　设置行距和首行缩进

图 3-13　设置署名部分的对齐方式

按同样的方法，设置日期部分缩进格式为"右对齐""右缩进 6 字符"。整个文档排版完毕，最终效果图如图 3-1 所示。

7. 保存文件

单击文件菜单选择"另存为"命令，将文档以"一封感谢信"为文件名保存在"E:\Word 作业"文件夹下。

一、插入点的定位方法

在 Word 的文档编辑区有一个闪烁的光标称为插入点,它指示当前插入的字符、图片等对象的位置。文字输入从插入点开始,每输到一行的末尾时,会自动将插入点转到下一行。若强行换行需按 <Enter> 键,在适当的地方单击可以改变插入点的位置。另外,利用键盘中的按键也可以改变插入点的位置,如表 3-2 所示。

表 3-2 使用键盘改变插入点的位置

按 键	功 能
Home、End	移至行首、行尾
↑、↓、←、→	上、下、左、右移动一个字符
Ctrl + ↑、Ctrl + ↓	向上、向下移动一段
Ctrl + ←、Ctrl + →	向左、向右移动一个单词
PgUp、PgDn	向上、向下移动一屏
Ctrl + PgUp、Ctrl + PgDn	向上、向下移至页的顶行、末行
Ctrl + Home、Ctrl + End	移至文档的开头、结尾

二、上标和下标的设置

在文字处理中,经常会遇到有上标或下标的文本,如 $a^2 + b^2 = c^2$,$S_1 = S_2 + S_3$ 等,常用的上标或下标的设置方法有如下几种。

1. 常用方法

首先选定要设置为上标或下标的文本,然后单击"字体"工具组"上标"按钮 X^2、"下标"按钮 X_2,或者打开"字体"对话框,在"字体"选项卡的"效果"栏中选择"上标(P)"或"下标(B)"复选框,最后单击"确定"按钮。

2. 使用快捷键

在 Word 中使用快捷键输入上标或下标,既方便又快捷。

输入上标:使用 <Ctrl + Shift + = > 组合键,按一次后就可进入上标输入状态,再按一次可恢复到正常状态。

输入下标:使用 <Ctrl + = > 组合键,同样按一次后就可进入下标输入状态,再按一次就可恢复到正常状态。

如果先选中文本再按这两个快捷键,则直接把选中的文本设置为上标或下标或取消上标或下标设置。

温馨提示:在智能 ABC 输入法下,此快捷键无效。

任务考核

一、实战演练

先输入下面文字,然后按要求设置其格式,将完成后的文档以"水调歌头"为文件名保存在"E:\Word 作业"文件夹下。

1)第一行黑体、小三号、粗体、居中对齐;第二行楷体、五号、下划线(波浪线)、居中对齐、字体为红色;正文隶书、四号;最后一行仿宋、小四、斜体、右对齐。

2)全文左、右各缩进1厘米,行距固定值18磅。

3)第二行段前、段后各0.5行,最后一行段前0.5行。

水 调 歌 头

丙辰中秋欢饮达旦,大醉作此篇,兼怀子由

明月几时有,把酒问青天,不知天上宫阙,今夕是何年?

我欲乘风归去,又恐琼楼玉宇,高处不胜寒。起舞弄清影,何似在人间?

转朱阁,低绮户,照无眠。不应有恨,何事长向别时圆?人有悲欢离合,月有阴晴圆缺,此事古难全。但愿人长久,千里共婵娟。

【宋】苏轼

二、小试牛刀

1. Word 全选文本的快捷键是_____。

2. Word 提供的段落对齐方式有_____、_____、_____、_____、_____。

3. Word 中行间距的设置有_____、_____、_____、_____、_____、_____六个选项。

4. Word 中按键盘上的_____键可以快速将插入点移至该行末尾。

5. Word 中按一次_____组合键可以进入上标输入状态。

序号	任务评价细则	任务评价结果		
		自评	小组互评	师评
1	撰写感谢信语句通顺、无错别字			
2	整体排版得体			
3	能熟练运用字体、段落等操作			

项目三　Word 2010 应用与操作

（续）

序号	任务评价细则	任务评价结果		
		自评	小组互评	师评
4	实战演练完成情况			
5	小试牛刀掌握情况			
评价（A、B、C、D 分别表示优、良、合格、不合格）				
任务综合评价				

任务二　家书的制作

本任务要达到的效果如图 3-14 所示。

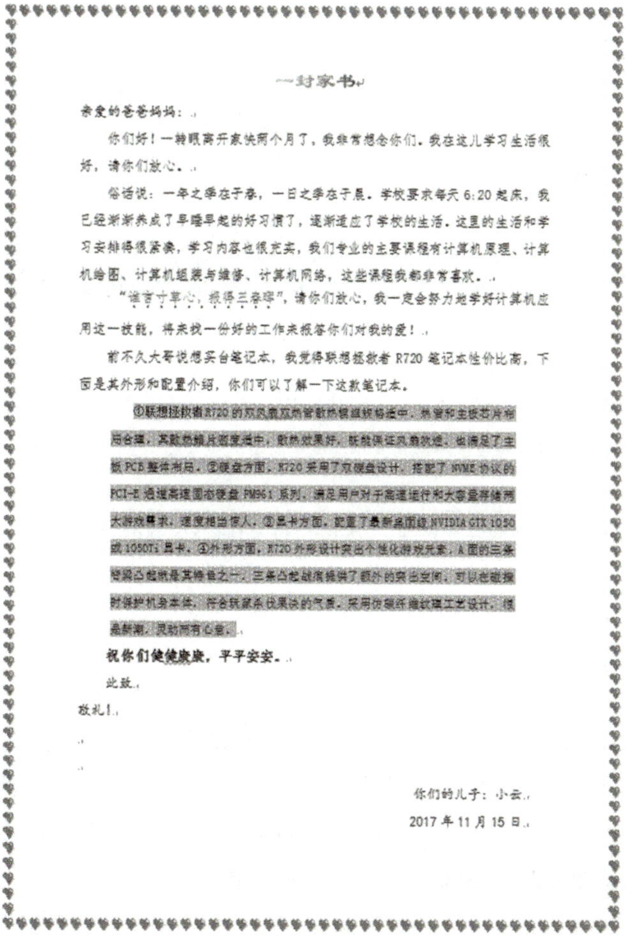

图 3-14　家书的效果图

 任务分析

Word 2010 中制作文档时,可以快捷地完成文本的复制、移动、查找和替换等,还可以对整篇文档设置精美的外观。本任务的主要内容是制作一封家书,如图 3-14 所示。

通过本任务的学习,要达到以下目标:

1)掌握文本的复制、移动等基本操作。
2)掌握文本的查找、替换操作。
3)掌握页面边框和底纹的设置方法。

 任务引导

一、文本的基本操作

在进行文本编辑时,往往会对重复出现的文字进行复制操作以节省时间,通过移动操作调整文字的顺序,通过删除去掉文档中不需要的部分等。文本的复制、移动等操作可以在同一文档中进行,也可以在不同文档中进行。

在 Word 中,文本的复制和移动与 Windows 中文件的复制和移动一样,都应用了剪贴板。首先是将选定的文本复制到剪贴板上,然后从剪贴板上将文本复制到目标位置上。移动、复制文本等的方法有多种,具体操作方法见表 3-3。

表 3-3 文本的基本操作

操作方式	操作方法
复制	选中文本后单击"开始"选项卡"剪贴板"组的"复制"按钮,或使用 < Ctrl + C > 组合键
剪切	选中文本后单击"开始"选项卡"剪贴板"组的"剪切"按钮,或使用 < Ctrl + X > 组合键
粘贴	将光标移至需要的位置后单击"开始"选项卡"剪贴板"组的"粘贴"按钮,或使用 < Ctrl + V > 组合键
移动	选中文本后直接按住鼠标左键将文本拖曳至需要的位置松开鼠标左键即可,或利用先"剪切"再"粘贴"的方法
删除	按 < BackSpace > 键删除光标前一个字符,按 < Delete > 键删除光标后一个字符,选取文本后按 < BackSpace > 键或 < Delete > 键均直接删除选中的文本

二、查找和替换

查找和替换是 Word 中两个非常有用的功能,它能帮助用户快速查找并定位于指定的文本处或批量地进行相同文字的修改。当文档很长,要查找和替换的内容很多时,用 Word 的查找和替换功能就很有必要了。比如要更改文档中重复出现的相同的文本,如果逐个进行修改,不仅速度慢,还可能会有遗漏,使用替换功能就可以十分方便、快速地完成。

1. 查找

查找功能可以快速搜索每一处指定单词或词组。该功能可通过执行"开始"选项卡"编辑"组

中的"查找"命令打开"导航"任务窗格来进行,还可以单击"查找"右侧三角号选择"高级查找",打开"查找和替换"对话框进行精确查找。

2. 替换

替换功能可以自动查找到指定的文字并替换成指定的文字。该功能可通过执行"编辑"组中的"替换"命令打开"查找和替换"对话框来进行。

> 温馨提示:无论是"查找"还是"替换",其目标对象不但可以是简单的文字,而且还可以是带有格式信息的文字,如字体、字号、颜色等。

三、边框和底纹

在 Word 中对文档中选定的文本、段落添加边框或底纹效果,可以突出这些文字和段落,使文档更加美观、醒目。同时还可使用页面边框为整个页面添加上自己喜爱的边框。

单击"段落"组中"下框线"按钮右侧三角号打开列表选择"边框和底纹"命令,打开"边框和底纹"对话框。该对话框包括边框、页面边框、底纹三个选项卡,如图 3-15 所示。

(1)边框 选择"边框"选项卡,可以对选中的文字、段落或表格等加边框,也可以对边框的线型、颜色、宽度等进行设置。

(2)页面边框 可设置艺术型边框。

(3)底纹 选择"底纹"选项卡,可以对选中的文字、段落或表格设置填充图案、颜色等。

图 3-15 "边框和底纹"对话框

任务实施

扫码收获更多精彩

1. 输入文本

输入下列文本,以"一封家书"为文件名保存在"E:\Word 作业"文件夹下。

一封家书

亲爱的爸爸妈妈:

你们好!一转眼离开家快两个月了,我非常想念你们。我在这儿学习生活很好,请你们放心。

俗话说:一年之计在于春,一日之计在于晨。学校要求每天 6:20 起床,我已经渐渐养成了早睡早起的好习惯了,逐渐适应了学校的生活。这里的生活和学习安排得很紧凑,学习内容也很充实,我们专业的主要课程有电脑原理、电脑绘图、电脑组装与维修、电脑网络,这些课程我都非常喜欢。

前不久大哥说想买台笔记本,我觉得联想 R720 笔记本还不错,下面是其外形和配置介绍,你们可以了解一下这款笔记本。

"谁言寸草心,报得三春晖",请你们放心,我一定会努力地学好电脑应用这一技能,将来找一份好的工作来报答你们对我的爱!

祝你们健健康康,平平安安。

此致

敬礼!

你们的儿子:小云

2017 年 11 月 15 日

2. 将文档中的"电脑"替换成"计算机"

1)将光标移到文档开头。

2)执行"替换"命令,打开"查找和替换"对话框,如图 3-16 所示。

3)在"查找内容"中输入"电脑",在"替换为"中输入"计算机",如图 3-16 所示。

4)再单击"全部替换"按钮,就将文档中所有的"电脑"替换为"计算机"。弹出一个完成替换的提示,如图 3-17 所示,单击"确定"按钮,返回到"查找和替换"对话框,单击"关闭"按钮返回文档,完成文本替换。

图 3-16　"查找和替换"对话框

图 3-17　完成替换提示

3. 移动文本

选定"前不久大哥说想买台笔记本"这一段,单击"剪贴板"组中的"剪切"按钮,然后将光标移至"祝你们健健康康"这一段的段首,单击"剪贴板"组中的"粘贴"按钮,完成文本的移动。

4. 复制文本

1)打开"素材文件\项目三"文件夹下的文件名为"联想拯救者 R720"文档。

2)选定从"①联想拯救者"开始的全部文本。

3)执行"剪贴板"组中的"复制"命令,关闭"联想拯救者 R720"文档。

4)切换到"一封家书"文档,再将插入点"|"形光标置于"祝你们健健康康"这一段的段首位置,最后执行"剪贴板"组中的"粘贴"命令。

修改后的文档如图 3-14 所示,接下来进行格式设置。

5. 设置页面边框

执行"开始"选项卡"段落"组中的"边框和底纹"命令,打开"边框和底纹"对话框。选择"页面边框"选项卡,设置页面边框为艺术型的第 15 种红色心形图案,单击"确定"按钮,如图 3-18 所示。

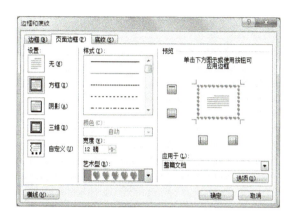

图 3-18　设置页面边框

6. 设置标题格式

选定标题"一封家书",在"开始"选项卡"字体"组中设置其格式为"隶书""小二""红色"文字效果为"熊熊烈火"(在"字体"对话框中选择"高级"选项卡后单击"文字效果"按钮,打开"设置文本效果格式"对话框,选择"渐变填充"进行设置,如图 3-19 所示),对齐方式为"居中对齐",单击"关闭""确定"按钮。

图 3-19　设置文字效果

7. 设置第一段格式

选定第一段"亲爱的爸爸妈妈:",设置其格式为"楷体""小四"。

8. 设置第二至第五段格式

选定第二至五段,设置其格式为"仿宋体""小四""首行缩进 2 字符",单击"确定"按钮。给"谁言寸草心,报得三春晖"加上着重号,字体颜色为蓝色。

9. 设置第六段格式

选定第六段,设置其格式为"左、右缩进各 1 厘米""首行缩进 2 字符";设置其底纹,填充浅绿

色;图案样式为"15%";颜色为黄色;应用范围为"文字"。设置底纹操作步骤如下:

执行"段落"组中的"边框和底纹"命令,弹出"边框和底纹"对话框,在"底纹"选项卡中按上述要求设置底纹格式,如图 3-20 所示,最后单击"确定"按钮。

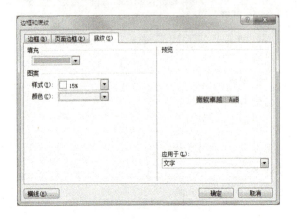

图 3-20 设置底纹格式

10. 设置第七段格式

选定"祝你们健健康康,平平安安。"设置其格式为"仿宋体""小四""加粗""首行缩进 2 字符"。

11. 设置第八至第十一段格式

选定第八至第十一段,设置其格式为"楷体""小四",其缩进、对齐方式如图 3-14 所示。

12. 设置整篇文档的行距

选定整篇文档,设置行距为"1.5 倍行距",单击"确定"按钮。

完成后单击快速访问工具栏上的"保存"按钮保存文件。

任务拓展

一、格式刷的使用

在 Word 中提供了"格式刷"按钮，它不复制内容,只复制格式,功能非常强大,对实际工作非常有用。"格式刷"按钮的使用方法如下:

(1)单击格式刷　首先选择某种格式,单击格式刷,然后单击想设置格式的某个内容,则两者格式完全相同,单击完成之后格式刷就没有了,鼠标恢复正常形状。

(2)双击格式刷　首先选择某种格式,双击格式刷,然后单击选择想设置格式的某个内容,则两者格式完全相同,单击完成之后格式刷依然存在,可以继续单击选择想设置格式的下一个内容。单击"格式刷"按钮或者按＜Esc＞键可退出此操作。

二、查找与替换的高级功能

在"查找和替换"对话框中单击"高级"按钮,出现如图 3-21 所示的对话框。单击"更多"按钮，可以设定替换的格式及特殊格式。替换的格式包括字体、段落和样式等；替换的特殊格式包括段落标记、分栏符和省略号等。

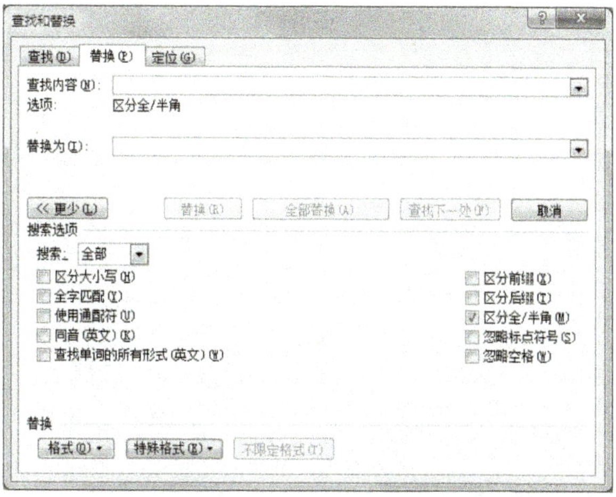

图 3-21　查找与替换的高级功能

三、页面边框的高级设置

如图 3-18 所示，若要指定边框只显示在页面的指定边缘（例如，只显示在页面的顶部边缘），则可单击对话框上"设置"栏下的"自定义"，然后在"预览"栏下单击，显示边框的位置。

如图 3-18 所示，若要指定边框在页面中的精确位置，单击对话框上"选项"按钮，再在"边框和底纹选项"对话框中进行精确设置。

任务考核

一、实战演练

打开"素材文件\项目三"中文件名为"奥斯卡金像奖（未排版）.docx"的文档，进行下列操作，最终效果如图 3-22 所示。

1）将文档中所有"OSCAR"替换成"奥斯卡"。

2）设置页面边框：宽度为 15 磅，艺术型为第 11 种，边框与文字上、下、左、右间距均为 5 磅。

3）第一行格式：隶书、二号、绿色、居中、段前、段后各 6 磅。

4）全文小四号、两端对齐；第一段英文字体为 Arial，中文字体为楷体；第二段为宋体；第三、四段为仿宋体。

5）全文首行缩进 0.85 厘米，行距为固定值：24 磅。

6）第二段左、右各缩进 1.4 厘米；图案样式为 5%；颜色为蓝色；填充深红色；应用范围是段落。

7）第三段第一句话：蓝色单波浪线。

8）第四段最后一句话：斜体。

9）将文档以“奥斯卡金像奖（最终稿）.docx”为文件名保存在“E:\Word作业”文件夹下。

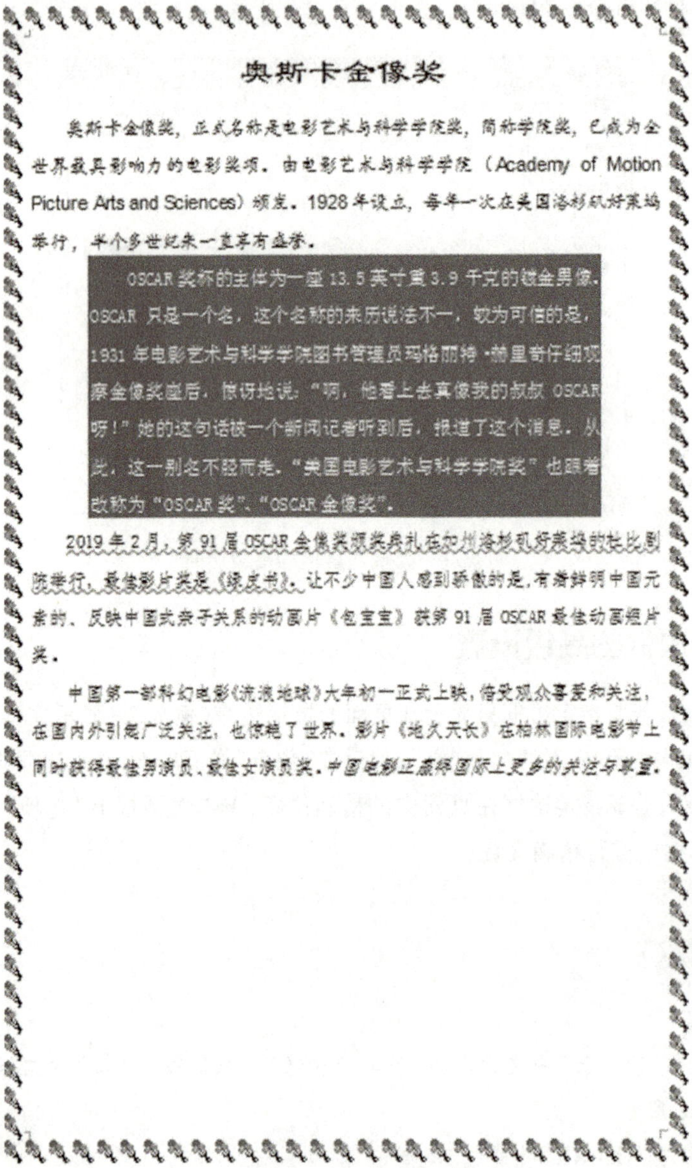

奥斯卡金像奖

奥斯卡金像奖，正式名称是电影艺术与科学学院奖，简称学院奖，已成为全世界最具影响力的电影奖项。由电影艺术与科学学院（Academy of Motion Picture Arts and Sciences）颁发。1928年设立，每年一次在美国洛杉矶好莱坞举行，半个多世纪来一直享有盛誉。

OSCAR奖杯的主体为一座13.5英寸重3.9千克的镀金男像。OSCAR只是一个名，这个名称的来历说法不一，较为可信的是，1931年电影艺术与科学学院图书管理员玛格丽特·赫里奇仔细观察金像奖座后，惊讶地说：“啊，他看上去真像我的叔叔OSCAR呀！”她的这句话被一个新闻记者听到后，报道了这个消息。从此，这一别名不胫而走。“美国电影艺术与科学学院奖”也跟着改称为“OSCAR奖”、“OSCAR金像奖”。

2019年2月，第91届OSCAR金像奖颁奖典礼在加州洛杉矶好莱坞的杜比剧院举行，最佳影片奖是《绿皮书》。让不少中国人感到骄傲的是，有着鲜明中国元素的、反映中国式亲子关系的动画片《包宝宝》获第91届OSCAR最佳动画短片奖。

中国第一部科幻电影《流浪地球》大年初一正式上映，倍受观众喜爱和关注，在国内外引起广泛关注，也惊艳了世界。影片《地久天长》在柏林国际电影节上同时获得最佳男演员、最佳女演员奖。*中国电影正赢得国际上更多的关注与尊重。*

图3-22 实战演练效果图

二、小试牛刀

1. Word中复制文本的快捷键是________，剪切文本的快捷键是________，粘贴文本的快捷键是________。

2. 在Word中进行文本的复制时，首先是将选定的文本复制到________上，然后从剪贴板上将文本复制到目标位置上。

3. 在Word中“查找”和“替换”的目标对象不但可以是简单的文字，还可以是带有格式的文字，如________、________、________等。

4. 在 Word 中使用"格式刷"的时候,要想将选中文本的格式多次复制,需要用鼠标左键_____"格式刷"按钮。

5. 在 Word 中设置页面边框时,若要指定边框在页面中的精确位置,需要单击"边框与底纹"对话框"页面边框"选项卡上的_____按钮。

序号	任务评价细则	任务评价结果		
		自评	小组互评	师评
1	撰写感谢信语句通顺,无错别字			
2	整体排版得体			
3	能熟练运用字体、段落等操作			
4	实战演练完成情况			
5	小试牛刀掌握情况			
评价(A、B、C、D 分别表示优、良、合格、不合格)				
任务综合评价				

任务三　课程表的制作

本任务要达到的效果如图 3-23 所示。

2018 级计算机应用班课程表

节次	星期	星期一	星期二	星期三	星期四	星期五
上午	第1节	Excel	英语	数学	英语	Excel
	第2节	Excel	英语	数学	英语	Excel
	第3节	Word	Excel	Word	数学	语文
	第4节	Word	Excel	Word	数学	语文
午休						
下午	第1节	语文	指法	德育	体育	Word
	第2节	语文	指法	德育	体育	Word
	第3节	课外活动				

图 3-23　课程表的效果图

任务分析

表格在日常办公文档中经常用到，Word 2010 中提供了很多方便灵活的工具，可以制作精美复杂的表格。本任务的主要内容是制作一张课程表，如图 3-23 所示。

通过本任务的学习，要达到以下目标：

1）掌握表格的插入和绘制方法。
2）掌握单元格的合并与拆分方法。
3）掌握在表格中输入和编辑文本的方法。
4）掌握使用表格样式创建精美表格的方法。
5）掌握表格数据简单计算与排序的方法。

一、表格的创建

表格由行和列的单元格组成，可以在单元格中填写文字和插入图片。表格是创建文档时常见的文字组织形式，它具有结构严谨、效果直观的特点。一张简单的表格往往就可以代替大篇的文字叙述，而且表达的意思更加直接、明了。Word 2010 为用户提供了方便快捷的表格创建和编辑功能。创建表格的具体操作方法如下：

选择"插入"选项卡，单击"表格"按钮下方的三角形符号打开列表，可以直接用鼠标拖动的方式创建一个表格（行数、列数有限制），也可以通过选择下方的不同选项来创建不同格式的表格。

1. 插入表格

选择此选项将打开"插入表格"对话框，通过设置行数、列数等内容创建表格。

2. 绘制表格

选择此选项光标将变成"铅笔"的形状，此时拖动光标可以在所需位置绘制单元格或在单元格内添加线以达到拆分表格或绘制斜线表头的目的。

3. 文本转换成表格

选择此选项可以将选中的文本内容转换为相应的表格。

4. Excel 电子表格

选择此选项将自动在插入点插入"Excel 表格"，然后在空白处单击鼠标即完成插入。

5. 快速表格

选择此选项将选择内置的表格样式在插入点快速插入表格。

二、表格的编辑

表格创建以后，可以对表格设置丰富的样式，可以进行合并与拆分、插入行与列、调整表格的行高和列宽等,这些都是对表格的编辑。在 Word 2010 中对表格的编辑主要在"设计"和"布局"选项卡中进行,如图 3-24 和图 3-25 所示。

图 3-24　"表格工具"的"设计"选项卡

图 3-25　"表格工具"的"布局"选项卡

1. "设计"选项卡

(1) 表格样式选项　通过选中或取消复选框来控制表格样式。例如,选中或取消"标题行"复选框,可以设置表格第一行是否采用不同的样式;选中或取消"镶边行"复选框,可以设置相邻行是否采用不同的样式等。

(2) 表格样式　选中某一表格后单击"设计"选项卡"表格样式"组右下角"其他"按钮,打开列表选择"修改表格样式",在弹出的对话框中进行表格样式的设置,如图 3-26 所示。

(3) 绘图边框　设置表格或单元格的边框、底纹的特性,可以直接通过选择下拉列表中的选项操作,也可通过单击右下角"边框和底纹"按钮,在打开的对话框中进行设置,如图 3-27 所示。

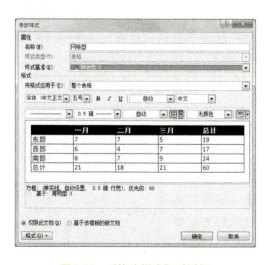

图 3-26　"修改样式"对话框

图 3-27　"边框和底纹"对话框

2. "布局"选项卡

"布局"功能区可以对表格进行精致的设置,包括在表格中插入文本的相关属性设置等。

(1)表　用于选择光标所在的行、列、单元格或表格,还可以查看网格线,设置表格属性。

(2)行和列　用于单元格、行和列的插入和删除。可以直接通过单击功能面板上的相应按钮(如图 3-25 所示,单击"在下方插入"按钮即在光标所在行的下方插入一行),也可以通过单击鼠标右键在弹出的"快捷菜单"中完成。

(3)合并和拆分　用于单元格、表格的合并与拆分。"合并单元格"用于将选中的单元格合并为一个单元格;"拆分单元格"用于将已合并的单元格重新合并后进行拆分(见图 3-28);"拆分表格"用于将表格在光标处拆分成上下两个表格。

(4)单元格大小　用于调整行高、列宽的数值,设置均匀分布行、列。

图 3-28　"拆分单元格"对话框

(5)对齐方式　用于设置单元格边距和单元格内文字的书写方向和对齐方式。

(6)数据　用于数据排序、表格转换为文本,通过公式的插入及数据计算(如求和,求平均数等)。

> 温馨提示:在进行表格拆分时,可以同时按住 < Ctrl + Shift + Enter > 组合键,能快速将表格以光标所在行作为基准向下拆分成两个表格。

任务实施

1. 输入表格标题

启动 Word 2010,新建一个空白文档,输入表格标题"2018 级计算机班课程表",并将标题设置为"五号""宋体""加粗""居中对齐",然后以"课程表"为文件名保存在"E:\Word 作业"文件夹下。

2. 创建 7 列 ×9 行的规则表格

按 < Enter > 键换行,选择"插入"选项卡,单击"表格"按钮,打开列表,选择"插入表格"命令,弹出"插入表格"对话框,如图 3-29 所示。在"表格尺寸"栏中设置列数为"7",行数为"9",单击"确定"按钮,即创建了一个 7 列 ×9 行的规则表格。使用"设计"选项卡中"表格样式"组中的"边框"命令,去掉表格的左、右框线,如图 3-30 所示。

图 3-29　"插入表格"对话框

2018 级计算机班课程表

图 3-30　创建 7 列 ×9 行的规则表格

3. 合并单元格

选定第一行左侧两个单元格,然后单击"布局"选项卡"合并"功能区中的"合并单元格"按钮,将两个单元格合并为一个。利用同样的办法,依次选中需要合并的单元格后单击"合并单元格"按钮进行合并,完成后的表格如图 3-31 所示。

4. 输入表格的文本

将光标移至相应的单元格,按任务效果图(见图 3-23)所示输入文本并为第一行设置底纹,相同内容可以采用"复制"和"粘贴"操作完成。输入内容后的表格如图 3-31 所示。

2018 级计算机班课程表

		星期一	星期二	星期三	星期四	星期五
上午	第 1 节	Excel	英语	数学	英语	Excel
	第 2 节	Excel	英语	数学	英语	Excel
	第 3 节	Word	Excel	Word	数学	语文
	第 4 节	Word	Excel	Word	数学	语文
午休						
下午	第 1 节	语文	指法	德育	体育	Word
	第 2 节	语文	指法	德育	体育	Word
	第 3 节	课外活动				

图 3-31　输入表格内文字

5. 设置文本格式

在页面视图上,将指针停留在表格的左上角,直到表格移动控点 ⊞ 出现,单击该按钮即选定了整个表格。设置表格中所有文本的字体为"宋体",字号为"五号",在"布局"选项卡中将文字对齐方式设置为"水平居中",效果如图3-32所示。

2018级计算机班课程表

		星期一	星期二	星期三	星期四	星期五
上午	第1节	Excel	英语	数学	英语	Excel
	第2节	Excel	英语	数学	英语	Excel
	第3节	Word	Excel	Word	数学	语文
	第4节	Word	Excel	Word	数学	语文
		午休				
下午	第1节	语文	指法	德育	体育	Word
	第2节	语文	指法	德育	体育	Word
	第3节	课外活动				

图3-32 设置文字格式

6. 插入斜线表头

若需绘制斜线表头,可将光标定位于第1行第1列,单击"设计"选项卡"表格样式"组"边框"按钮右侧三角号,选择"斜下框线"绘制斜线表头。输入文本"星期"按<Enter>键换行后输入"节次",并分别设置为"文本居中"和"文本左对齐"。

7. 输入竖排文字

输入文字时,文字默认为水平显示,但在表格中有些单元格需要使文字垂直显示,如该表格中的"上午"和"下午"。其操作步骤如下:

1)选定"上午"单元格。

2)在"布局"选项卡"对齐方式"组中单击"文字方向"按钮,即将文字垂直显示。

3)利用同样的方法设置文字"下午"的方向。

完成后的表格如图3-23所示。

8. 设置表格样式

选定整个表格,打开"设计"选项卡在"表格样式"组的"内置样式"下选择第十行第四列"中等深浅网格-强调文字颜色3"样式,然后打开"边框"列表选择"所有框线",最后将光标移至左上角单元格,打开"边框"列表选择"斜下框线"。

完成后单击快速访问工具栏上的"保存"按钮保存文件。

一、文本与表格的互换

在Word 2010中可以将文本转换成表格,也可将表格转换为文本,方法如下。

1. 将文本转换成表格

在输入文字或数据时,每个项目之间有规则地用符号(逗号、制表符或空格键)分隔开,就可以把这些文字或数据转换成表格来显示。如图3-33所示,选择左侧文本,执行"插入"选项卡"表格"列表下的"文本转换成表格"命令,弹出如图3-34所示的对话框,按图示进行设置后单击"确定"按钮,即转换成如图3-33所示右侧表格。

星期一	星期二	星期三	星期四	星期五		星期一	星期二	星期三	星期四	星期五
Excel	英语	数学	英语	Excel		Excel	英语	数学	英语	Excel
Excel	英语	数学	英语	Excel		Excel	英语	数学	英语	Excel
Word	Excel	Word	数学	语文		Word	Excel	Word	数学	语文
Word	Excel	Word	数学	语文		Word	Excel	Word	数学	语文

图3-33 文本转换成表格

2. 将表格转换成文本

选择要转换为段落的行或表格,单击"布局"选项卡"数据"组的"转换成文本"按钮,打开"表格转换成文本"对话框,如图3-35所示。选择文字分隔符后单击"确定"按钮即可完成表格向文本的转换。

图3-34 "文本转换成表格"对话框

图3-35 "表格转换成文本"对话框

二、Word表格简单计算

在使用Word 2010制作和编辑表格时,可以对表格中的数据进行简单计算。其操作步骤如下:

1)打开Word 2010文档,将光标移至放置计算结果的单元格。

2)单击"布局"选项卡"数据"组中的"公式"按钮,打开"公式"对话框,如图3-36a所示。

3)输入计算公式,默认为"=SUM(LEFT)",表示计算左侧数据的总和。还可以通过粘贴函数的方法进行计算。例如,在公式处输入"=",在"粘贴函数"列表中选择"AVERAGE",然后在括号内输入数据位置"ABOVE",则在光标所在单元格计算出的结果是上方数据的平均值,如图3-36b所示。

 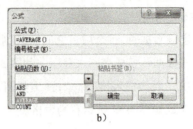

图 3-36 "公式"对话框

a) 默认公式 b) AVERAGE 公式

> 温馨提示:在表格的数据计算中,计算时可以用 LEFT、ABOVE 等表示运算对象,也可以使用单元格地址引用来表示运算对象。单元格命名规则是"列标+行号"。例如,C3 表示第 C 列第三行所在单元格;"A2:A5"表示 A2、A3、A4、A5 单元格。

三、Word 表格排序

Word 2010 可以按笔画、数字、日期和拼音等对表格内容进行升降排序。其操作步骤如下:

1) 选中整个表格或某个单元格,单击"布局"选项卡"数据"组的"排序"按钮,打开"排序"对话框,如图 3-37 所示。

2) 在"排序"对话框中主要关键字下选择"列 3",类型选择"数字",排序方式选择"升序",则对列 3 进行升序排列。

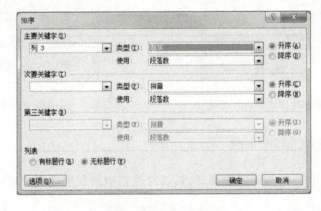

图 3-37 "排序"对话框

一、实战演练

如图 3-38 所示,按样表制作收款凭证,完成后以"收款凭证"为文件名保存在"E:\Word 作业"文件夹下。

收款凭证

年　　月　　日　　　　　　　第　　号

摘要	贷方总账科目	明细科目	符号	金　额								
				千	百	十	万	千	百	十	元	角	分
合计													
财务总管		记账		出纳			审核			制单			

图 3-38　收款凭证

二、小试牛刀

1. 表格由_____和_____的单元格组成,可以在单元格中填写_____和插入_____。

2. 在 Word 2010 中对表格的编辑主要在_____和_____选项卡中进行。

3. 在 Word 2010 中表格样式选项设置中,选中或取消_____复选框,可以设置表格第一行是否采用不同的样式;选中或取消_____复选框,可以设置相邻行是否采用不同的样式等。

4. 在 Word 2010 中进行单元格的合并和拆分时,"布局"选项卡下"合并"组的_____按钮用于将选中的单元格合并为一个单元格,_____按钮用于将已合并的单元格进行拆分。

5. Word 2010 可以按_____、_____、_____和_____等对表格内容进行升降排序。

任务评价

序号	任务评价细则	任务评价结果		
		自评	小组互评	师评
1	掌握表格的创建和编辑方法			
2	掌握在表格中输入和编辑文本的方法			
3	顺利完成课程表的制作			
4	实战演练完成情况			
5	小试牛刀掌握情况			
评价(A、B、C、D 分别表示优、良、合格、不合格)				
任务综合评价				

任务四　荣誉证书的制作

本任务要达到的效果如图 3-39 所示。

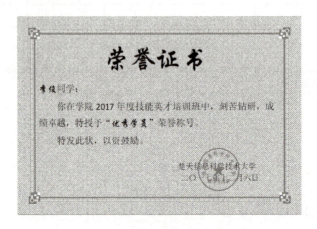

图 3-39　荣誉证书的效果图

页面设置、艺术字和形状插入等都是 Word 常用的一些操作。Word 2010 提供了丰富灵活的工具，可以制作精美的页面。本任务的主要内容是制作一张荣誉证书，如图 3-39 所示。

通过本任务的学习，要达到以下目标：
1）掌握页面设置的方法。
2）掌握自选图形的绘制和编辑方法。
3）掌握文本框的插入方法。
4）掌握艺术字的插入和编辑的方法。
5）掌握插入 SmartArt 图形的方法。

一、页面设置

页面设置是文档排版的重要部分。页边距、纸张方向、纸张大小等页面设置可以通过打开"页面布局"选项卡"页面设置"组中的相关按钮下拉菜单进行快速设置，如图 3-40 所示。也可以通过单击"页面设置"组右下角对话框启动器按钮，打开"页面设置"对话框进行设置。

图 3-40 "页面布局"选项卡

1. 纸张大小和方向

打印文档之前,首先要考虑的是打印纸张的大小。Word 默认的纸张大小是 A4(宽度为 210 mm,高度为 297 mm),页面方向是纵向。纸张方向有"纵向"和"横向"两种选择。

2. 页边距

页边距指打印出的文本与纸张周边之间的距离。Word 都是在页边距以内打印文本,而页眉、页脚及页码等都打印在页边上。在页面视图或打印预览模式下,水平标尺有左、右页边距标志,垂直标尺有上、下页边距标志,页边距标志显示为标尺两端的一段灰色区域。要改变页边距,可用鼠标指针拖动标尺的页边距标志区到指定位置。

二、图形的插入和编辑

在文档中添加一些图片,可以使文档更加生动形象。Word 2010 中既可以在文档中手工绘制图形,又可以在文档中插入图片。

Word 2010 有很强的图形图像处理能力,除了能在文档中添加一些图片和艺术字外,还可以手工绘制常见的线条、几何图形、常用箭头、流程图、星与旗帜、标注等。Word 2010 还能以图形的方式来建立、处理文本框和图形框,以利于文档的图文混合排版。

1. 插入形状图形

单击"插入"选项卡"插图"组中的"形状"按钮,可以在图片上或文档中绘制简单图形,也可以使用系统提供的自选图形进行复杂图形的组合设计。单击"形状"按钮打开如图 3-41 所示的"形状"列表框,通过单击列表框中的各种按钮,绘制形状图形,还可以绘制各种图形叠加组成的复杂图形。

插入形状后,窗口功能区自动调整到"绘图工具"的"格式"选项卡,如图 3-42 所示。可以利用各种命令按钮对形状进行样式设置、大小调整、排列等操作。

图 3-41 "形状"列表框

图 3-42 "格式"选项卡

2. 插入文本框

文本框一般用于文档标题的修饰,可以使文字以竖排的方式在版面上出现,使版面更加活跃。有时需要在一个段落、页边距等受限制的页面内自由移动文本,而文本框将承担这项功能。文本框是一个特殊的图形对象,文本框中可放置文本、图片、表格等内容。

(1)创建文本框　单击"插入"选项卡"文本"组中的"文本框"按钮,打开"文本框"列表。如图 3-43 所示,在列表框中可以选择内置的文本框类型,也可以自己创建横排或竖排的文本框。创建"横排文本框"后,单击"文本"组中的"文字方向"按钮,打开列表重新选择文字书写的方向。

(2)设置文本框格式　设置文本框格式包括"框"的设置和框内"文本"的设置。框的设置同形状图形的设置方法,在图 3-42 所示的"格式"选项卡中进行;文本的设置与文档中文本的设置方法相同。

3. 插入艺术字

艺术字是一种特殊的文字,它表面上是文字,实质上是图形。在编辑文档的时候,为了表达特殊的效果,需要对文字进行一些修饰处理。利用 Word 的"艺术字"功能,可以将文字设置成艺术字的效果。创建艺术字的操作方法如下:

图 3-43　"文本框"列表

1)单击"插入"选项卡"文本"组中的"艺术字"按钮,打开"艺术字"列表框,如图 3-44 所示。

2)在"艺术字"列表框选定所需的样式。

3)在弹出的输入框中输入需要的文本内容,完成后在空白处单击鼠标,则屏幕上出现艺术字。

艺术字创建好后,还可以对它进行各种修饰,如改变艺术字的样式、字体和轮廓填充,设置艺术字自由旋转、阴影和发光效果等。具体操作在"格式"选项卡"艺术字样式"功能区中进行,如图 3-42 所示。

4. 插入 SmartArt 图形

单击"插入"选项卡"插图"组中的"SmartArt"按钮,打开"选择 SmartArt 图形"对话框,如图 3-45 所示。先选择类别,然后在列表中选择所需图形。

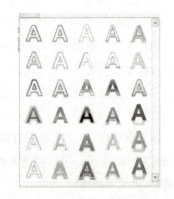

图 3-44　"艺术字样式"列表框

插入 SmartArt 图形后,窗口功能区自动弹出 SmartArt 工具的"设计"选项卡,利用各个功能区的按钮可以对图形进行添加形状、调整布局、更改样式等操作,如图 3-46 所示。

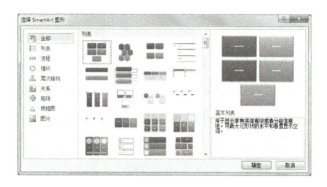

图 3-45 "选择 SmartArt 图形"对话框

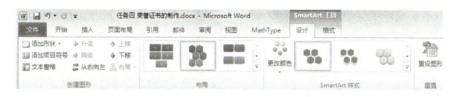

图 3-46 SmartArt 工具的"设计"选项卡

任务实施

1. 创建新文档

新建一个空白文档,以"荣誉证书"为文件名保存在"E:\Word 作业"文件夹下。在制作过程中随时单击快速访问工具栏上的"保存"按钮,保存已完成的内容。

扫码收获更多精彩

2. 页面设置

打开"页面设置"对话框。如图 3-47 所示,在"页边距"选项卡中设置上、下、左、右页边距均为"3 厘米",选择方向为"横向"。如图 3-48 所示,在"纸张"选项卡中设置纸张大小为"自定义大小",宽度为"28 厘米",高度为"19 厘米",最后单击"确定"按钮。

图 3-47 "页边距"选项卡　　图 3-48 "纸张"选项卡

3. 设置荣誉证书背景

在页面上插入一个矩形，调整矩形大小和页面大小相同，双击矩形弹出"格式"选项卡，在"形状样式"功能区中单击"形状轮廓"按钮，打开列表选择"无轮廓"；单击"形状填充"按钮打开列表，选择"纹理"子菜单下的"其他纹理"命令，选择"填充"下的"图案填充"单选按钮。如图 3-49 所示，在"图案"列表框中选择"轮廓式菱形"（第五行最右侧）的图案，设置前景色为褐色，背景色为淡黄色，单击"关闭"按钮完成页面背景设置。设置矩形的叠放层次为"置于底层"。

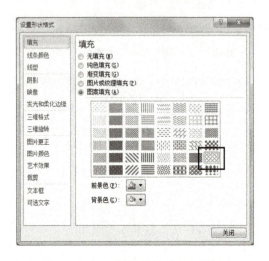

图 3-49 "设置形状格式"对话框

4. 设置页面边框

单击"页面布局"选项卡"页面背景"组中的"页面边框"按钮，打开"边框和底纹"对话框，如图 3-50 所示。在"页面边框"选项卡中设置页面边框为"方框"，颜色为红色，宽度为"31 磅"，选择所需的艺术型；然后单击对话框中的"选项"按钮，弹出"边框和底纹选项"对话框，如图 3-50 所示。设置上、下、左、右边距均为"30 磅"，测量基准为"页边"，单击"确定"按钮返回"边框和底纹"对话框，最后单击"确定"按钮完成页面边框的设置。

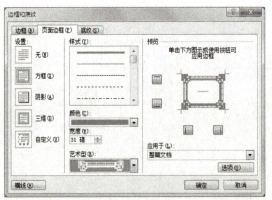

图 3-50 设置边框和底纹

5. 添加荣誉证书文字

单击"插入"选项卡"文本"组中的"文本框"按钮,打开列表选择"绘制文本框",单击鼠标左键后拖动出一个横排文本框,将文本框格式设置成"无填充颜色"和"无轮廓",调整文本框的大小和位置。在文本框中输入文本,并设置文本格式,效果如图 3-51 所示。

图 3-51　添加荣誉证书文字

6. 制作印章外形

此处制作圆形的印章外形。单击"插入"选项卡"插图"组中的"形状"按钮,打开列表,选择"基本形状"中的"椭圆",同时按住<Shift>键拖动鼠标画出一个标准的圆形形状,将其高度和宽度均设为"4 厘米"。然后选定刚画出的圆形,将圆的线条颜色改为红色,粗细设为"3 磅",填充透明度为"100%",环绕方式为"四周型",如图 3-52a 所示。

7. 制作印章文字

1)插入一个横排文本框,将文本框高度和宽度均设为"4 厘米",形状轮廓为"无",形状填充为"无颜色填充";输入印章文字"楚天信息科学技术大学",设置字体为"仿宋体",字号为"22",颜色为红色,"加粗"。

2)双击文本框,单击"格式"选项卡"艺术字样式"组"文本效果"按钮弹出列表,在"转换"子菜单的"跟随路径"中选择"圆"。

3)选中文本框,按住绿色的圆点,对艺术字进行向左旋转 90°。其他的空心圆点可以缩放文字。调整文本框的位置,如图 3-52b 所示。

4)用绘制文本框的方法制作文字"证书专用章",文本轮廓选择红色,形状填充选择"无填充色"。

8. 绘制印章中间的五角星

单击"插入"选项卡"插图"组中的"形状"按钮,在列表中选择"星与旗帜"中的"五角星",在

word 空白区域按住 < Shift > 键绘制一个正五角星,设置好大小,填充颜色和轮廓颜色均为红色,最后把五角星移动到印章中央。

9. 组合印章图形

调整好各图形的大小和位置后,按住 < Shift > 键,用鼠标左键依次单击印章图形和文字,把组成印章的文字和图形全部选上,单击"格式"选项卡"排列"组中的"组合"按钮,打开列表,选择"组合"命令,或单击鼠标右键在弹出的快捷菜单中选择"组合"命令,把组成印章的各个图形组合成一个整体,便于移动和调整。制作好的印章如图 3-52c 所示。

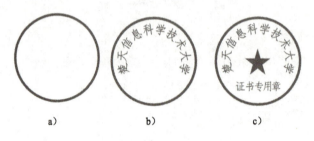

图 3-52 制作印章

10. 组合印章和荣誉证书内容

将制作好的印章移动到荣誉证书中,设置环线方式为"浮于文字上方",根据情况调整好其大小和位置,最后进行组合。制作好的荣誉证书效果如图 3-39 所示。

完成后单击快速访问工具栏上的"保存"按钮保存文档。

任务拓展

一、设定图形的叠放次序

如果在文档中插入了多个图形,则可按需要设置图形叠放的位置顺序。选定要移动的对象,如果对象不可见,则按 < Tab > 键或 < Shift + Tab > 组合键,直到选定该对象为止,用鼠标右击要调整顺序的图形,在弹出的快捷菜单中打开"叠放顺序"子菜单,然后单击所需要的次序,如置于顶层、置于底层、上移一层、下移一层、浮于文字上方、衬于文字下方。

二、图形的旋转与翻转

在 Word 中可将图形和图形组合向左或向右旋转 90°,也可以是其他任意角度,还可以水平或垂直翻转图形对象。旋转或翻转图形对象的操作步骤如下:

1) 选定需要旋转的图形对象。

2) 在图形上方会出现一个绿色的控制点,将光标移到该控制点上,当光标变成旋转形状时,拖动控制点并按任意方向旋转。

3)若需要将图形逆时针旋转90°、顺时针旋转90°、水平翻转或垂直翻转,则可以单击"格式"选项卡"排列"组的"旋转"按钮,打开列表选择相应的命令或选择"其他旋转选项"打开对话框进行精确设置。

> ☞技巧点滴:若要以15°为单位旋转对象,可在使用"自由旋转"工具时按住<Shift>键。
> 要使对象绕着控制点进行旋转,可在使用"自由旋转"工具时按住<Ctrl>键。

三、裁剪图片

插入图片后,除了可以对图片的大小进行调整之外,还可以将不需要的图片区域进行裁剪。其具体操作步骤如下:

1)双击选择需要裁剪的图形或图片,切换到"格式"选项卡。
2)单击"大小"组中的"裁剪"按钮。
3)按住鼠标左键,拖动鼠标指针并向图片内部移动时,可以隐藏图片的部分区域;当鼠标指针向图片外部拖动时,可以增大图片周围的空白区域。
4)松开鼠标左键,按<Enter>键确认完成图片裁剪。

单击"裁剪"下方三角号打开列表可以选择相应命令将图片裁剪为特定形状或按特定纵横比进行裁剪等。此外,还可以使用对话框对图片进行精确裁剪,其具体步骤如下:

1)选中要进行裁剪的图片,单击鼠标右键选择"设置图片格式"命令打开"设置图片格式"对话框。
2)选择"裁剪"选项卡,设置裁剪后图片的宽度、高度及水平、垂直偏移量和裁剪位置,完成后单击"关闭"按钮。

图片被裁剪的部分不是真正被裁剪掉了,只是被隐藏起来了,只要单击"格式"选项卡"调整"组中的"重设图片"按钮右侧三角号,打开列表选择"重设图片和大小",或者单击鼠标右键在弹出的快捷菜单中选择"大小和位置"命令,打开"布局"对话框,在对话框中依次单击"重置"和"确定"按钮即可。

一、实战演练

如图3-53所示,制作奖状,以"奖状"为文件名保存在"E:\Word作业"文件夹中。背景填充效果设置为"轮廓式菱形",前景色为"茶色",背景色为"白色"。

图 3-53　奖状效果图

二、小试牛刀

1. Word 默认的纸张大小是_____（宽度为 210 mm，高度为 297 mm），页面方向是纵向。纸张方向有_____和_____两种选择。

2. 页边距指_____之间的距离。在 Word 中页边距的设置可以通过标尺来快速完成，也可以使用_____对话框来精确设置。

3. Word 2010 有很强的图形图像处理能力，除了能在文档中添加一些图片和艺术字外，还可以手工绘制常见的线条、_____、_____、_____、_____等。

4. 在 Word 2010 中，文本框是一个特殊的图形对象，文本框中可放置_____、_____、_____等内容。

5. Word 2010 中若要以 15°为单位旋转对象，可在使用"自由旋转"工具时按住_____键。要使对象绕着控制点进行旋转，可在使用"自由旋转"工具时按住_____键。

序号	任务评价细则	任务评价结果		
		自评	小组互评	师评
1	掌握页面设置方法			
2	掌握插入形状、艺术字、文本框等的方法			
3	顺利完成荣誉证书的制作			
4	实战演练完成情况			
5	小试牛刀掌握情况			
评价（A、B、C、D 分别表示优、良、合格、不合格）				
任务综合评价				

任务五　书刊页面的编排

任务描述

本任务要达到的效果如图 3-54 所示。

图 3-54　书刊页面编排的效果图

任务分析

日常生活中精美的广告、宣传单等让人赏心悦目，这些都是版式设计发挥了很大的作用。在

Word 中，除了可以设置字符和段落格式，还可以对文档的版面进行设置和美化，使文档整体效果更好。本任务的主要内容是制作一张书刊页面，如图 3-54 所示。

通过本任务的学习，要达到以下目标：

1）掌握分栏操作的方法。

2）掌握页眉页脚的插入方法。

3）掌握双行合一的设置方法。

4）掌握首字下沉的设置方法。

5）掌握尾注的设置方法。

一、分栏

Word 提供了将文档分栏排版的功能。分栏是将文档页面设置为几个栏，当一栏排满后，文档自动转到下一栏。默认状态下文档为单栏。在分栏的外观设置上，Word 具有很强的灵活性，用户不仅可以控制栏数、栏宽以及栏间距，还可以很方便地设置栏的长度。设置文档分栏的操作步骤如下：

1）选定要设置分栏的文本对象。

2）单击"页面布局"选项卡"页面设置"组中的"分栏"按钮，打开列表选择简单的分栏模式或选择"更多分栏"打开"分栏"对话框。

3）在对话框中设置栏数、栏宽、间距、分隔线以及应用范围，然后单击"确定"按钮即可。

> 温馨提示：当用户使用"分栏"对话框设置任意栏的栏宽或栏间距时，应先取消选择"栏宽相等"复选框，然后再在"宽度"和"间距"数值框中逐一输入要调整栏的宽度和间距。

二、页眉和页脚

一些比较正式的文稿都需要设置页眉和页脚。得体的页眉和页脚会使文稿显得更加规范，也会给阅读带来方便。Word 提供了强大的文档页眉和页脚设置功能，完全可以制作出内容丰富、个性十足的页眉和页脚。

页眉和页脚通常显示文档的附加信息，常用来插入时间、日期、页码、单位名称、徽标等。其中，页眉在页面的顶部，页脚在页面的底部。

在 Word 中，页眉和页脚的内容与主文档是分开的，必须单击"插入"选项卡"页眉和页脚"组"页眉"或"页脚"按钮，打开列表选择相应命令进行页眉、页脚的插入、编辑或删除操作。单击"关闭页眉和页脚"按钮则可以快速返回主文档，继续编辑正文内容。

三、双行合一

用户在使用 Word 2010 编辑文档的过程中,有时需要在一行中显示两行文字,然后在相同的行中继续显示单行文字,实现单行、双行文字的混排效果。这时可以使用 Word 2010 提供的"双行合一"功能达到这个目的,其操作步骤如下:

选中文字,然后将窗口切换到"开始"选项卡,单击"段落"组中的"中文版式"按钮,打开列表选择"双行合一"命令,在弹出的对话框中进行设置即可。

四、首字下沉

首字下沉就是使段落的第一行的第一个字字号变大,并且向下移动一定的距离,段落的其他部分保持原样。首字下沉效果经常出现在报纸中,由于文章或章节开头的第一个字的字号明显较大并下沉数行,从而起到吸引眼球的作用。在 Word 2010 中设定首字下沉的操作步骤如下:

1)将光标置于要创建首字下沉的段落中的任意位置。

2)单击"插入"选项卡"文本"组中的"首字下沉"按钮,打开列表选择默认的"下沉"或"悬挂"样式,或选择"首字下沉选项"命令,打开"首字下沉"对话框。

3)在对话框中根据需要进行设置即可。

> 温馨提示:建立首字下沉后,首字将被一个图文框包围,单击图文框边框,拖动控制点可以调整其大小,里面的文字也会随之改变大小。

五、脚注和尾注

脚注和尾注是对文本的补充说明。脚注一般位于页面的底部,可以作为文档某处内容的注释;尾注一般位于文档的末尾,用于列出引文的出处等。

脚注和尾注由两个关联的部分组成,包括注释引用标记和其对应的注释文本。用户可让 Word 自动为标记编号或创建自定义的标记。在添加、删除或移动自动编号的注释时,Word 将对注释的引用标记重新编号。插入脚注和尾注的操作步骤如下:

1)将光标移动到要插入脚注和尾注的位置。

2)单击"引用"选项卡"脚注"组中的"插入脚注"或"插入尾注"按钮,或单击右下角箭头打开"脚注和尾注"对话框。

3)选择"脚注"选项,可以插入脚注;如果要插入尾注,则选择"尾注"选项。

4)如果要自定义脚注或尾注的引用标记,则可以在"自定义标记"后面的文本框中输入作为脚注或尾注的引用符号。如果键盘上没有这种符号,则可以单击"符号"按钮,从"符号"对话框中选择一个合适的符号作为脚注或尾注。

5)如果没有设置自定义标记,则使用软件自带的编号格式,可通过列表选择所需的格式。Word 会给所有脚注或尾注连续编号,当添加、删除、移动脚注或尾注的引用标记时将重新编号。

6）设置完成后，单击"插入"按钮，就可以开始输入脚注或尾注文本。输入脚注或尾注文本的方式会因文档视图的不同而有所不同。

1. 打开源文件

打开"素材文件\项目三"文件夹中的文件名为"奋斗的青春最美丽（未排版）"的文档。

2. 页面设置

将界面切换至"页面布局"选项卡，打开"页面设置"对话框。如图 3-55 所示，在"页边距"选项卡中设置上边距为"3 厘米"，下边距为"2 厘米"，左边距和右边距均为"2.5 厘米"，装订线为"1 厘米"，纸张方向为"纵向"；在"纸张"选项卡中设置纸张大小为"A4"；如图 3-56 所示，在"版式"选项卡中设置页眉距边界"1.6 厘米"，页脚距边界"1.5 厘米"。

图 3-55　"页面设置"对话框"页边距"选项卡

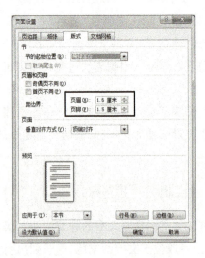

图 3-56　"页面设置"对话框"版式"选项卡

3. 制作双行合一文字

1）选中要进行双行合一的文本"励志奋斗之价值财富经典案例之工匠精神"。

2）将窗口切换到"开始"选项卡，单击"段落"组中的"中文版式"按钮，打开列表选择"双行合一"命令，打开"双行合一"对话框，如图 3-57 所示。在"文字"框中，显示出了选定的文本，可以进行修改。在没有选中文本的情况下，可以直接在此框中录入文本，最多可输入 255 个字节的字符。

3）在"预览"中查看效果，如符合要求则单击"确定"按钮。

4）选定双行合一文字所在的这一段文字，设置其字体为"宋体"，字号为"小二"，两端对齐，其效果如图 3-58 所示。

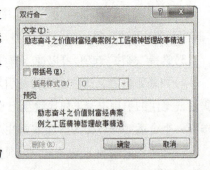

图 3-57　"双行合一"对话框

励志奋斗之价值财富
经典案例之工匠精神哲理故事精选

图 3-58　"双行合一"文字效果

> 温馨提示：如果要删除双行合一的格式，可将光标定位到该文本块中并单击它，然后在"双行合一"对话框中单击"删除"按钮即可。

4. 设置标题行和作者行格式

选定标题文字"奋斗的青春最美丽"，设置其字体为"隶书"，字号为"二号"，居中对齐。作者行仍为默认字体、字号，居中对齐。

5. 设置正文格式

选定四段正文文字，设置段落格式为"首行缩进 2 字符"，"1.5 倍行距"；前三段字体为"楷体"，字号为"小四"；最后一段字体为默认的"宋体"，字号为"五号"。

6. 设置分栏效果

选定正文前三段，单击"页面布局"选项卡"页面设置"组中的"分栏"按钮，在列表中选择"更多分栏"命令，打开"分栏"对话框，如图 3-59 所示。设置栏数为"两栏"，间距为"3 字符"，选中"栏宽相等"和"分隔线"，最后单击"确定"按钮。

7. 设置首字下沉效果

将光标置于第一段任意位置，单击"插入"选项卡"文本"组中的"首字下沉"按钮，打开列表选择"首字下沉选项"命令，打开"首字下沉"对话框，如图 3-60 所示。选择位置为"下沉"，字体仍为"楷体"，下沉行数为"3"，距正文为"0 厘米"，最后单击"确定"按钮完成设置。文档进行分栏和首字下沉设置后的效果如图 3-54 所示。

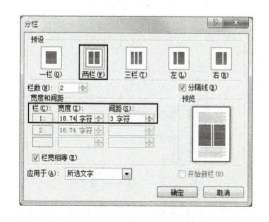

图 3-59　"分栏"对话框　　　　　图 3-60　"首字下沉"对话框

8. 插入图片

将窗口切换至"插入"选项卡，单击"插图"组中的"图片"按钮，打开"插入图片"对话框，选择

"素材文件\项目三"文件夹中的"计算机制图"图片文件,单击"插入"按钮将图片插入到正文最后一段。设置图片环绕方式为"四周型",适当调整其大小和位置,如图 3-61 所示。

图 3-61　插入"计算机制图"图片

9. 添加尾注

将光标移至作者"白杨"后,单击"引用"选项卡"脚注"组的右下角,启动对话框按钮,打开"脚注和尾注"对话框,如图 3-62 所示。选择"尾注"单选按钮,设置好编号格式后单击"插入"按钮,进入编辑尾注文本区,输入文字"来源:青春美丽"并设置其字体为"宋体",字号为"小五"。

10. 添加页眉和页码

1)将光标放在要添加页眉的文档中。

2)单击"插入"选项卡"页眉和页脚"组中的"页眉"按钮,打开列表选择"空白(三栏)"内置格式的页眉,如图 3-63 所示。

图 3-62　"脚注和尾注"对话框

图 3-63　"页眉"列表

3)进入页眉编辑区。如图 3-64 所示,在左框中输入"文摘周刊",右框中插入页码(单击"页眉和页脚"组"页码"按钮,打开列表选择"当前位置"下的"普通数字"),删除中间框,完成后单击"关闭页眉和页脚"按钮。

图 3-64 设置页眉和页码

> 温馨提示:如果要为文档添加页脚,可单击"页脚"按钮选择一种格式后进入页脚编辑区,输入页脚内容后,单击"关闭页眉和页脚"。

11. 保存文档

排版工作完成后其效果如图 3-54 所示。最后以"奋斗的青春最美丽"为文件名保存在"E:\Word 作业"文件夹中。

一、插入分隔符

在对文档进行页面设置时,一般的设置会套用于整篇文档。如果用户需要根据不同的内容设置不同的格式,例如在一篇文档中不同页面设置不同的纸张方向等,则需要在文档中插入分隔符来进行设置。Word 中的分节符可以将一篇文档分成不同的节,用户可以对每一节进行不同的格式设置,从而实现复杂文本的格式编辑。

1. 插入分隔符的方法

将光标移至需要插入分隔符的位置,单击"页面布局"选项卡"页面设置"组中的"分隔符"按钮,打开列表选择需要插入的分页符或分节符,如图 3-65 所示。

2. 分隔符的类型和作用

分隔符类型如图 3-65 所示。"分隔符"列表中命令的作用见表 3-4。

图 3-65 插入分隔符

表 3-4 "分隔符"列表中命令的作用

分隔符类型		作 用
分页符	分页符	使插入点后的内容移至下一页
	分栏符	在多栏式文档中,使插入点后的内容移至下一栏
	自动换行符	使插入点后的内容移至下一行,但仍属一个段落
分节符	下一页	插入分节符,使新节从下一页开始
	连续	插入分节符,使新节从插入点开始
	偶数页	插入分节符,使新节从下一个偶数页开始
	奇数页	插入分节符,使新节从下一个奇数页开始

二、添加批注

批注是给文档中某些内容添加的注释文字。它是提供给作者或审阅者参考的内容，而不是提供给读者的。在文档中插入批注的操作步骤如下：

1)将光标插入到要添加批注文字的后面。

2)单击“审阅”选项卡“批注”组中的“新建批注”按钮，打开批注框。

3)在批注框中输入批注文字，完成后双击空白处即可。

任务考核

一、实战演练

打开“素材文件\项目三”文件夹中的文件名为“迈进智能时代(未排版)”文档，按下列要求进行排版，效果如图3-66所示。

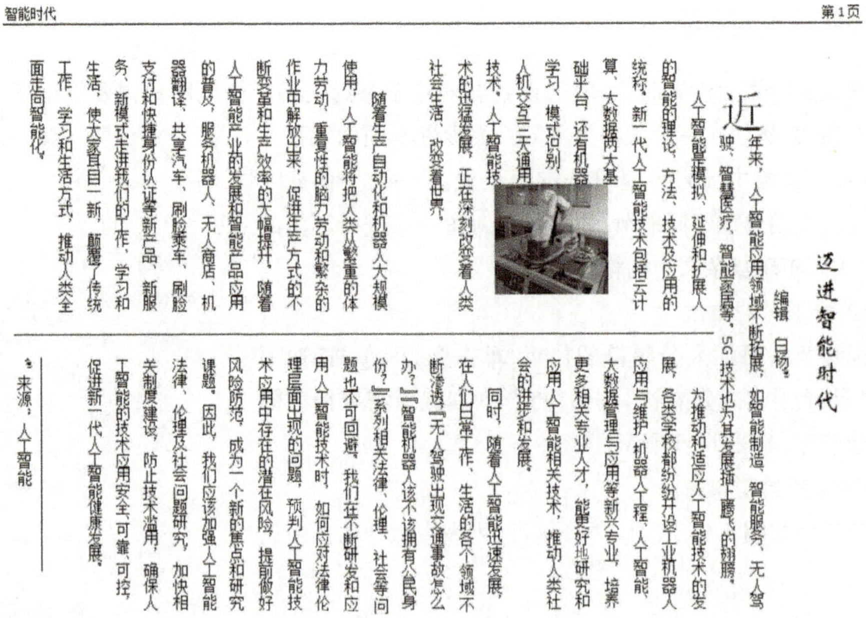

智能时代　第1页

迈进智能时代

编辑　白杨

近年来，人工智能应用领域不断拓展，如智能制造、智能服务、无人驾驶、智慧医疗、智能家居等，5G技术也为其发展插上腾飞的翅膀。

人工智能是模拟、延伸和扩展人的智能的理论、方法、技术及应用的统称。新一代人工智能技术包括云计算、大数据两大基础平台，还有机器学习、模式识别、人机交互三天通用技术。人工智能技术的迅猛发展，正在深刻改变着人类社会生活、改变着世界。

随着生产自动化和机器人大规模使用，人工智能将把人类从繁重的体力劳动、重复性的脑力劳动和繁杂的作业中解放出来，促进生产方式的不断变革和生产效率的大幅提升。随着人工智能产业的发展和智能产品应用的普及，服务机器人、无人商店、机器翻译、共享汽车、刷脸乘车、刷脸支付和快捷身份认证等新产品、新服务、新模式走进我们的工作、学习和生活，使大家耳目一新，颠覆了传统工作、学习和生活方式，推动人类全面走向智能化。

为推动和适应人工智能技术的发展，各类学校都纷纷开设工业机器人应用与维护、机器人工程、人工智能、大数据管理与应用等新兴专业，培养更多相关专业人才，能更好地研究和应用人工智能相关技术，推动人类社会的进步和发展。

同时，随着人工智能迅速发展，在人们日常工作、生活的各个领域不断渗透，“无人驾驶出现交通事故怎么办？”“智能机器人该不该拥有公民身份？”一系列相关法律、伦理、社会等问题也不可回避。我们在不断研发和应用人工智能技术时，如何应对法律伦理层面出现的问题，预判人工智能技术应用中存在的潜在风险，提前做好风险防范，成为一个新的焦点和研究课题。因此，我们应该加强人工智能法律、伦理及社会问题研究，加快相关制度建设，防止技术滥用，确保人工智能的技术应用安全、可靠、可控，促进新一代人工智能健康发展。

来源：人工智能

图3-66　“迈进智能时代”排版效果

1)设置纸张大小为“16开”，纸张方向为“横向”；上边距为“2.8厘米”，下边距、左边距、右边距均为“2.5厘米”，页眉为“1.5厘米”，页脚为“1.5厘米”；文字排列：垂直。

2)设置标题“迈进智能时代”居中对齐，字体为“华文新魏”，字号为“小二”，段前、段后间距均为“0.5行”。

3)所有正文首行缩进2字符，行间距为“固定值20磅”。

4)将“编辑　白杨”居中对齐并添加尾注“来源：人工智能”，自定义标志为符号：“🔊”(Webdings字体)。

5)除正文第一段之外,其他段落设置为两栏格式,栏间距为3字符,栏宽相等、加分隔线。

6)搜索一张机器人或选择"E:\项目三\素材文件"中的"机器人"图片,插入到文档中,设置图片环绕方式为"紧密型",适当调整图片的大小和位置。

7)设置正文第一段首字下沉效果,选择位置为"下沉",字体为"宋体",下沉行数为"2"。

8)添加页眉文字"智能时代",插入页码,并设置页眉文字左对齐,页码居右侧。

9)保存文档,以"迈进智能时代"为文件名保存在"E:\Word作业"文件夹中。

二、小试牛刀

1. 当用户使用"分栏"命令设置任意栏的栏宽或栏间距时,应先取消选择_____复选框。

2. 页眉和页脚通常显示文档的_____。其中,页眉在页面的_____,页脚在页面的_____。

3. 设置文本"双行合一",单击"段落"功能区_____按钮打开列表选择_____命令,在弹出的对话框中进行设置即可。

4. _____是对文本的补充说明。脚注和尾注由两个关联的部分组成,包括_____和其对应的_____。

5. 建立_____后,首字将被一个图文框包围,单击图文框边框,拖动_____可以调整其大小,里面的文字也会随之改变大小。

序号	任务评价细则	任务评价结果		
		自评	小组互评	师评
1	掌握分栏的操作方法			
2	掌握页眉、页脚等插入的操作方法			
3	顺利完成书刊页面的编排			
4	实战演练完成情况			
5	小试牛刀掌握情况			
评价(A、B、C、D分别表示优、良、合格、不合格)				
任务综合评价				

任务六　世界技能大赛宣传画的制作

本任务要达到的效果如图3-67所示。

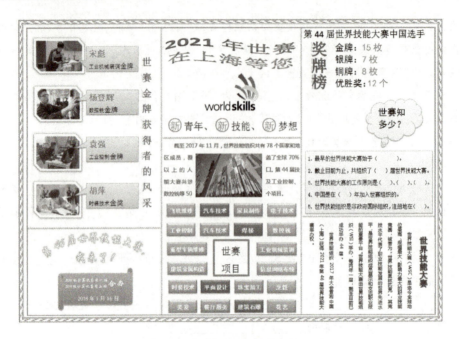

图 3-67　世界技能大赛宣传画效果图

随着计算机办公应用的广泛普及,使用 Word 排版的各种简报、海报、宣传画、内部刊物越来越广泛,简单的小报排版应用频繁。本任务的主要内容是制作一张关于第 46 届世界技能大赛的宣传画,如图 3-67 所示。

通过本任务的学习,要达到以下目标:
1) 掌握宣传画版面的划分方法。
2) 掌握带圈字符的输入方法。
3) 掌握艺术字的制作方法。
4) 掌握公式的插入和编辑方法。
5) 掌握项目符号和编号插入的方法。

一、宣传画的版面设计

设计宣传画版面的规则是:根据纸张的大小,在纸面上留出标题文字的空间,把剩余的空间分割给各个稿件,每个稿件的标题和插图的大概位置都要心中有数,同时要注意布局的整体协调性和美观性。

宣传画的版面一般都很复杂,仅通过分栏、图文混排等操作是不能完成文字块的分割的,通常可用下面的方法来分割文字块。

1. 用文本框划分版面

选择"插入"选项卡,在"文本"组中单击"文本框"按钮,打开列表选择需要插入的文本框样式。选择"内置"的文本框样式时,可直接在插入点插入;选择"绘制文本框"或"绘制竖排文本框"命令时,需要在屏幕上拖动出一个文本框。可以调节文本框的大小和位置,也可以设置文本框的背景和边框颜色。一般一个稿件用一个文本框,如果同一稿件有分栏情况,就用两个或两个以上的文本框。如果是竖排版文字,就用竖排文本框。

2. 用表格划分版面

版面的划分也可以利用表格来完成,利用"任务三"中所讲述的表格的创建和编辑方法创建合适的表格。必要时可使用"表格"按钮列表中的"绘制表格"命令添加表格线。表格创建完成后,在各个单元格内输入稿件或在适当位置摆放插图。

二、带圈字符的输入

在"开始"选项卡"字体"组中,"带圈字符"按钮用于输入带圈的字符。具体方法:首先输入字符,然后选择要加圈的字符,单击"带圈字符"按钮打开"带圈字符"对话框,如图 3-68 所示,选择"增大圈号",然后进行相应的设置就可以了。

图 3-68　"带圈字符"对话框

按上述方法制作一个设置带圈的字符,如"㊓",完成后,圆圈可能并没有刚好套在所选的字上,可以对其进行调整。选中这个字符,单击鼠标右键,执行"切换域代码"命令,这时字符变为域代码形式,选中圆圈,可适当增大其字号,然后选中字符,选择"字体",在"字符间距"中单击"位置"下拉列表框,从列表中选择"降低"项,在右侧的"磅值"框中输入适当值,单击"确定"按钮。这时再单击鼠标右键,执行"切换域代码"命令,圆圈刚好套在了文字上,如"㊓"。

任务实施

1. 搜集素材

制作一份关于世界技能大赛的宣传画,先要有一些素材,可以从报纸、杂志及网页上收集一些稿件,然后从题材、内容、文体等方面考虑,从中挑选出有代表性的稿件,进行修改。

作为一份比较好的宣传画,不仅要有优秀的稿件,还要有合适的图片。一般来说,宣传画所配的题图要为表现主题服务,因而图片内容要和主题贴近或相关。图片可以从其他宣传资料上扫描或从网页上下载。

2. 新建文档

新建 Word 文档,以"世界技能大赛宣传画"为文件名保存在"E:\Word 作业"文件夹中。

3. 设置页面

选择"页面布局"选项卡，打开"页面设置"对话框，"纸张大小"选择"自定义大小"，设置宽度为"42厘米"，高度为"29.7厘米"即为A3纸张大小。上、下、左、右页边距为"1厘米"，纸张方向为"横向"。在"页面布局"选项卡"页面背景"功能区单击"页面边框"按钮，打开"边框和底纹"对话框，在对话框中设置页面边框，如图3-69所示。

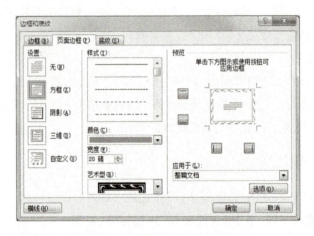

图3-69　设置艺术型页面边框

4. 规划版面

版面的划分可用表格，也可以用文本框，此宣传画采用表格来划分区域。根据本宣传画所收集的素材和版面设计的规则，将版面划分为1个标题区，4个内容区及1个署名区。如图3-70所示，注意布局的整体协调性和美观性。

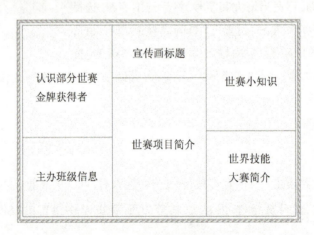

图3-70　版面规划

5. 输入文本

整体框架建立好后，就可以在相应的区域输入稿件的内容了。如果预留的空间小了，放不下稿件的所有内容，则可以适当调整预留空间的大小，也可以对稿件进行适当的压缩。为了灵活排版，可利用插入文本框的方法输入文本内容，并适当设置文本框和文字的样式。

6. 插入图片

一份比较好的宣传画要有合适的图片与其搭配。一般来说，宣传画所配的题图要为表现主题服务，因而图片内容要和主题贴近或相关。

打开"插入"选项卡，执行"插图"组中的"图片"命令，弹出"插入图片"对话框，选择宣传画中所要插入的图片，并适当调整图片的大小和位置，设置其环绕方式，使其搭配协调，版面美观。

7. 插入形状

在制作"世赛项目"内容时，为了直观形象，采用插入形状后在形状内添加文字的方式来创建，创建多个对象时可采用"复制"和"粘贴"操作。多个形状之间可利用"格式"选项卡"排列"功能区上的按钮进行"对齐""组合"等操作。

8. 设置艺术字格式

为了版面美观，各个单元格内标题一般采用插入艺术字的方式来完成，先制作各区域的艺术字，再调整其格式、大小、位置及环绕方式等。

9. 设置表格框线

这时表格线仍然为默认的黑色细线，版式显得不美观。选中表格，打开"边框与底纹"对话框，分别设置外边框为绿色粗实线，内部框线为绿色双波浪线，如图3-67所示。

10. 制作中文版式

将窗口切换至"开始"选项卡，单击"段落"组中的"中文版式"按钮右侧小三角形符号，打开列表，选择"双行合一"命令来制作署名，使用"字体"功能区的"带圈字符"命令制作带圈的文字。

11. 宣传画的整体协调

在文字和图形都排好后，宣传画基本上就完成了。检查文字有没有输错，图形是否与文字相对应，重点文字是不是很突出等。最后注意整体布局的合理性，色彩的平衡性。

12. 保存宣传画

单击快速访问工具栏上的"保存"按钮，保存宣传画。

一、制作文字水印效果

在打印一些重要文件时需要给文档加上水印，如"机密""严禁复制"的字样，可以让获得文件的人知道该文件的重要性。Word 2010具有添加图片水印和文字水印两种类型的功能。水印将显示在打印文档文字的后面，它是可视的，不会影响文字的显示效果。

1. 添加文字水印

制作好文档后，在"页面布局"选项卡"页面背景"组中单击"水印"按钮，打开列表选择一种水印样式或选择"自定义水印"命令打开"水印"对话框进行设置。如图3-71所示，选择"文字水印"单选按钮，设置好水印文字的文字、字体、字号、颜色、透明度和版式后，依次单击"应用"和"确定"按钮，可以看到文本后面已经生成了设定的水印字样。

图 3-71 "水印"对话框

2. 添加图片水印

在"水印"对话框中选择"图片水印",然后选择作为水印图案的图片。添加后,设置图片的缩放比例、是否冲蚀。冲蚀的作用是让添加的图片在文字后面降低透明度显示,以免影响文字的显示效果。完成后依次单击"应用"和"确定"按钮。

Word 2010 只支持在一个文档中添加一种水印,若是添加文字水印后又定义了图片水印,则文字水印会被图片水印替换,在文档内只会显示最后制作的那个水印。

3. 打印水印效果

1) 打开有水印的 Word 文档。
2) 在"文件"选项卡中选择"选项",打开"Word 选项"对话框。
3) 单击"显示"在"打印选项"中勾选"打印背景色和图像"复选框。

二、插入公式

Word 2010 和 Office.com 提供了多种常用的公式供用户插入到 Word 2010 文档中,用户可以根据需要直接插入这些内置公式,以提高工作效率。

单击"插入"选项卡"符号"组中的"公式"按钮,打开列表选择一种内置公式或选择"插入新公式"命令,窗口自动激活"公式工具"选项卡的"设计"功能区,该功能区包含了公式和符号输入的按钮,如图 3-72 所示。下面以输入 $y = \dfrac{1}{\sqrt{x-2}}$ 为例说明插入公式的操作步骤。

图 3-72 "公式工具"选项卡的"设计"功能区

1) 将光标移动到要插入公式的位置,单击"插入"选项卡"符号"组的"公式"按钮,打开列表选择"插入新公式"命令,打开"设计"选项卡。
2) 在公式输入框中输入"$y = $"。
3) 单击"设计"选项卡"结构"组中的"分数"按钮下面的小三角形符号,打开列表选择"分数(竖式)",输入框内容变成"$y = \dfrac{\square}{\square}$"。
4) 将光标移至分数的"分子"处输入数字"1"。
5) 将光标移至"分母"处,单击"设计"选项卡"结构"组中的"根式"按钮下面的小三角形符号,打开列表选择"平方根",输入框内容变成"$y = \dfrac{1}{\sqrt{}}$"。

6）将光标移至"根号"内输入"$x-2$",即完成"$y = \dfrac{1}{\sqrt{x-2}}$"的输入。

三、添加项目符号和编号

在 Word 2010 中,可以快速地给列表添加项目符号和编号,使文档更有层次感,内容更清晰,层次更分明,更易于阅读和理解。在 Word 2010 中,增加了在输入时自动产生带项目符号和编号的列表功能,更便于用户使用。除了在输入文本时自动创建项目符号和编号,用户还可以对已输入的文本添加项目符号和编号。其操作步骤如下：

1. 添加编号

首先选择需要添加编号的若干行,然后单击"开始"选项卡"段落"组中的"编号"按钮,直接插入默认格式的编号；或单击右侧小三角号,打开列表选择"定义新编号格式"命令,在打开的对话框中设置,如图 3-73 所示。

2. 添加项目符号

首先选择需要添加项目符号的若干段落,然后单击"开始"选项卡"段落"组中的"项目符号"按钮,直接插入默认格式的项目符号；或单击右侧小三角号,在打开的列表中,选择"定义新项目符号"命令,在弹出的对话框中设置,如图 3-74 所示。

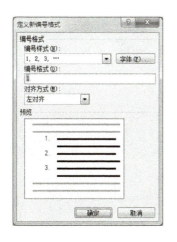
图 3-73 "定义新编号格式"对话框

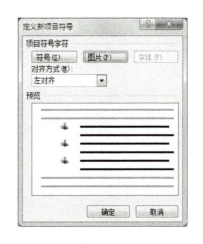
图 3-74 "定义新项目符号"对话框

任务考核

一、实战演练

校内近期要组织一场师生足球联谊赛,请以此活动为主题制作一张宣传画。

二、小试牛刀

1. 如果想对文档中的页眉和页脚进行编辑,只需用鼠标双击_____区。

2. 在 Word 2010 的编辑状态下,利用_____可以快速直接地调整文档的左右边界。

3. 在 Word 表格操作中,计算求和的函数是_____,计算求平均数的函数是_____。

4. Word 2010 具有添加_____和_____两种类型的功能,水印将显示在打印文档文字的后面,它是可视的,不会影响文字的显示效果。

5. 在 Word 2010 中,可以快速地给列表添加_____和_____,使文档更有层次感,内容更清晰,层次更分明,更易于阅读和理解。

序号	任务评价细则	任务评价结果		
		自评	小组互评	师评
1	掌握给宣传画分版面的方法			
2	掌握制作文字水印效果,插入公式、项目符号和编号等的操作方法			
3	顺利完成世界技能大赛宣传画的制作			
4	实战演练完成情况			
5	小试牛刀掌握情况			
评价(A、B、C、D 分别表示优、良、合格、不合格)				
任务综合评价				

项目四
Excel 2010 应用与操作

任务一　员工信息表的制作
任务二　学生成绩汇总与分析表的制作
任务三　销售情况表与图表的制作
任务四　人事信息统计与分析

任务一　员工信息表的制作

 任务描述

本任务要达到的效果如图 4-1 所示。

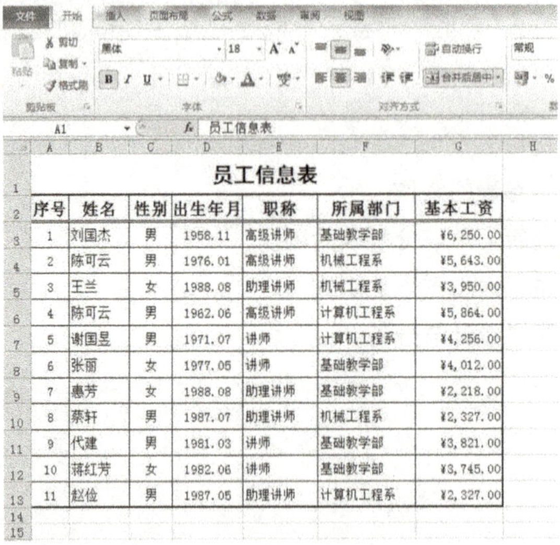

图 4-1　员工信息表

 任务分析

本任务主要内容是制作员工信息表，如图 4-1 所示，包括的知识要点有输入数据、移动与复制、查找与替换数据、选取单元格、调整行高与列宽、设置字体格式和数据格式。重点操作是输入数据、设置字体格式和数字格式。通过本任务的学习，要达到以下目标：

1）学会不同类型数据的输入方法。

2）掌握字体、字号、数字格式等设置方法。

3）掌握复制与移动、查找与替换数据等操作方法。

4）掌握选取单元格、行高与列宽、对齐等操作方法。

 任务引导

一、Excel 2010 的工作界面

单击桌面"开始"按钮，选择"所有程序"中"Microsoft Office"下的"Microsoft Excel 2010"命令，

启动 Excel 2010，其工作界面如图 4-2 所示。工作界面包含了 Excel 工作所需要的基本元素，主要由快速访问工具栏、标题栏、选项卡、功能区、名称框、编辑栏、工作表编辑区、列标、行号、工作表标签、状态栏等部分组成，下面选择了其中的几个常用元素进行介绍。

1）工作表编辑区是 Excel 中录入数据和编辑表格的区域。

2）名称框用于显示所选单元格的名称或地址，还可以用于选择单元格。

3）编辑栏用于显示活动单元格中内容或正在编辑单元格中的内容，并可输入与修改活动单元格中的内容。

4）工作表标签用于显示或切换当前工作表，并可为工作表命名。

Excel 2010 工作界面与 Word 2010 工作界面有很多相似之处，包括标题栏、状态栏等，其功能也基本相同，这里就不再赘述了。

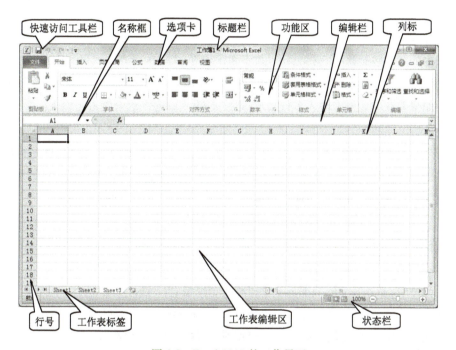

图 4-2　Excel 2010 的工作界面

二、Excel 2010 的基本概念

1. 工作簿

工作簿是处理和存储 Excel 数据的文件，它包含多张工作表，其扩展名为".xlsx"，默认名称为"工作簿1"，默认显示 3 张工作表"Sheet1""Sheet2"和"Sheet3"。一个工作簿可设置 1～255 个工作表，超过 255 个工作表时，可通过插入工作表的方法解决。工作簿就像一个账本，而账本中每一页就是一个工作表。

2. 工作表

工作表是 Excel 中用来存储和处理数据的区域。一个工作表由 1 048 576 行和 16 384 列构成，行的编号是自上而下从 1 到 1 048 576，列的编号是从左到右依次用字母 A、B、…、XFD 表示。

工作表标签显示该工作名称。

3. 单元格

单元格是 Excel 最小的存储单位。单元格的名称用"列标+行号"表示，如 B6 表示工作表中的第 2 列与第 6 行交叉位置所在的单元格。单元格区域由多个连续的单元格组成，如 A3:E8 表示以 A3 到 E8 为对角线的矩形区域中的所有单元格。

当前正在操作的单元格为当前单元格，又称活动单元格。每个单元格最多可以保存 32 767 个字符。

三、输入数据

启动 Excel 2010 后，黑色边框的单元格为活动单元格，它标识着当前单元格的位置。用户可以在当前单元格里输入文本或数据，输完文本或数据后按<Enter>键确认。

1. 输入文本

单元格中的文本包括汉字、英文字母、数字和符号等，文本的对齐方式默认为左对齐。

如果把数字作为文本输入（如身份证号码、电话号码等），应先输入一个半角"'"，再输入相应的字符。如果要在单元格中输入多行文本，则按<Alt+Enter>组合键进行输入。

2. 输入数值

数值包括 0~9 的数字字符和+、-、×√、(、$、)、,、¥、、E 和 e 字符组成的字符串。格式一般采用整数或小数格式，而当数字的长度超过单元格宽度时，Excel 将自动使用科学计数法来表示输入的数字。数值的对齐方式默认为右对齐。

在输入数值时，数值将显示在活动单元格和编辑栏中，按<Esc>键或单击编辑栏左侧的取消按钮 ✕ ，可将输入但未确认的内容取消；如果确认输入的内容，则按<Enter>键或单击编辑栏左侧的输入按钮 ✓ 。

在输入分数时，需要在分数之前加一个零和一个空格。

在输入 0 开头的数字时，需先输入一个半角"'"，然后输入数字或字符。

在输入较长数字而单元格无法容纳时，可用科学计数法显示该数字。

3. 输入日期和时间

1）输入日期：用左斜线"/"或短线"-"分隔年、月、日，如输入"2018/5/18"或"2018-5-18"。

2）输入时间：小时、分、秒之间用冒号":"作为分隔符。Excel 默认使用 24 小时制显示时间，如果使用 12 小时制显示时间，则需在时间后面空一格再输入字母 am（上午）或 pm（下午）。例如输入"9:00 pm"，按<Enter>键后显示的时间结果为"9:00 PM"。

如果要输入当天的日期，则按<Ctrl+;>组合键；如果要输入当前的时间，则按<Ctrl+Shift+;>组合键。

四、调整行高

调整行高的方法有以下四种：

1)鼠标拖动要调整行高的行号下边界(行号与行号之间的分界线)。

2)选中要调整的行,单击"开始"选项卡,在"单元格"组中单击"格式"按钮,选择"行高"命令,在弹出的对话框中输入行高的固定值。

3)选中要调整的行,单击"开始"选项卡,在"单元格"组中单击"格式"按钮,选择"自动调整行高"命令,会根据单元格内容进行自动调整。双击行号下边界也可自动调整行高。

4)选中要调整的行,单击鼠标右键,在弹出的快捷菜单中选择"行高"命令,在弹出的对话框中输入行高的固定值。

五、选择单元格

1. 选取一个单元格

单击要选取的单元格,此单元格边框线变成黑粗线即可。

2. 选择多个连续的单元格区域

1)鼠标拖曳法:将鼠标指针移到该区域左上角的单元格,按住鼠标左键不放,向该区域右下角的单元格拖曳。

2)使用快捷键选择:单击该区域左上角的单元格,按<Shift>键的同时单击该区域右下角的单元格。

3. 选择不连续的单元格区域

先选中一个单元格区域,然后按住<Ctrl>键,再依次选中其他单元格区域。

4. 选择一整行或一整列

单击"行号"或"列标"即可。

5. 选择所有单元格(选择整张工作表)

单击工作表左上角行号栏和列标栏相交处的"全表选定"按钮或按<Ctrl+A>组合键。

六、复制和移动单元格

Excel 数据复制可以利用剪贴板,也可以用鼠标拖放。用剪贴板的方法和 Word 中的操作相似。在移动单元格时,用鼠标将单元格拖动到目标单元格位置即可;在复制单元格时,鼠标拖动过程中按住<Ctrl>键不放。

任务实施

扫码收获更多精彩

1. 新建文件

启动 Excel 2010,系统会自动创建一个名为"工作簿1.xlsx"的空白工作簿,单击"文件"选项卡,选择"另存为"命令,在弹出的对话框"文件名"处输入文件名"员工信息表",单击"保存"按钮,如图4-3所示。

2. 输入表中内容

在工作表<Sheet1>中输入员工信息的内容,如图4-4所示。

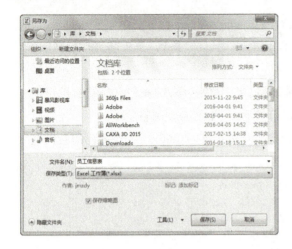
图4-3 新建文件

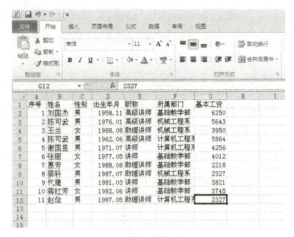
图4-4 输入员工信息的内容

> ☞技巧点滴：如果要同时在多个单元格中输入相同的数据，可先选定相应的单元格，然后输入数据，最后按<Ctrl + Enter>组合键。

3. 调整行高与列宽

默认情况下，每个单元格都有一个固定的长度和高度，"所属部门"字段超出了单元格列宽，调整行高与列宽使其显示美观。操作方法如下：

1）将光标放到行1和行2之间的边界线上，然后按住鼠标左键不放拖动到合适行高，如图4-5所示。

2）将光标放到列F和列G之间的边界线上，然后按住鼠标左键不放拖动到合适列宽，如图4-6所示。

3）根据文字大小和内容的多少，调整行高与列宽到合适的位置。

图4-5 调整行高

图4-6 调整列宽

4. 插入行

在表格上方插入行，以便输入表格标题。单击行号1选中第一行，单击鼠标右键，在弹出的快捷菜单中选择"插入"命令，如图4-7所示。或在"开始"选项卡中，单击"单元格"选项组的"插入"按钮下的下拉箭头，选择"插入工作表行"命令。

5. 制作表格标题

将文字扩展到多个单元格并居中,以便输入和排列表格标题。拖选 A1 到 G1 的单元格区域,在"对齐方式"选项组中单击"合并及居中"按钮,输入标题"员工信息表",如图 4-8 所示。

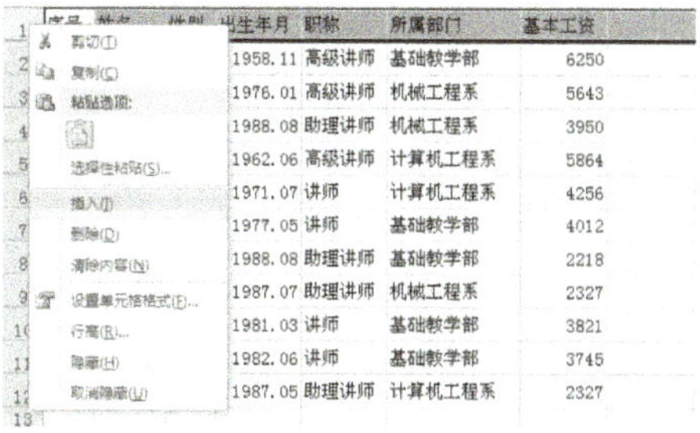

图 4-7　插入行

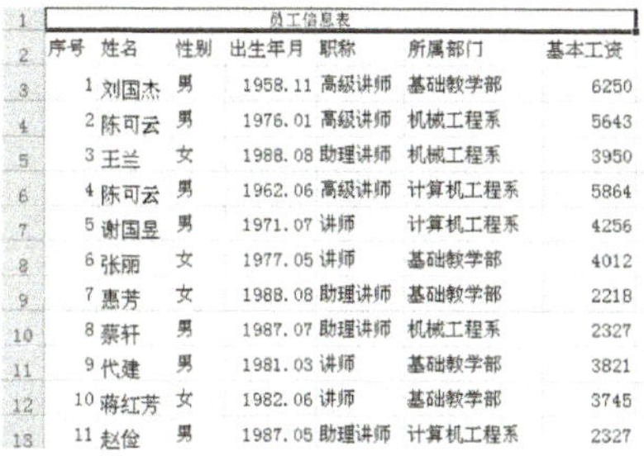

图 4-8　制作表格标题

6. 设置字体格式

1) 选中表格标题,设置其字体格式为"黑体""18 磅"。

2) 选中表格行标题,设置其字体格式为"楷体""14 磅""加粗"。

3) 选中 A3:G13 单元格数据区域,设置其字体格式为"宋体""12 磅",如图 4-9 所示。

7. 设置数据格式

选中 G3:G13 单元格数据区域,在"开始"选项卡中,单击"数字"选项组中的"数字格式"下拉菜单,选择"货币"选项,如图 4-10 所示。

图 4-9　设置字体格式　　　　图 4-10　设置数据格式

8. 设置对齐方式

1) 选中行标题,在"开始"选项卡中,单击"对齐方式"选项组中"居中对齐"按钮和"垂直居中对齐"按钮。

2) 选中"序号""性别""出生年月"三列数据,在"对齐方式"选项组中单击"居中对齐"按钮,如图 4-11 所示。

3) 其他数据按默认方式对齐。

9. 设置表格边框

1) 选中 A2:G13 单元格数据区域,在"开始"选项卡中单击"字体"选项组中"边框"按钮,在下拉列表框中,先单击 ⊞ 按钮,设置表格网格线为细实线;再单击 ⊞ 按钮,设置外边框为粗实线。

2)选中 A2:G2 单元格数据区域,在下拉列表框中,单击 ▤ 按钮,如图 4-12 所示。

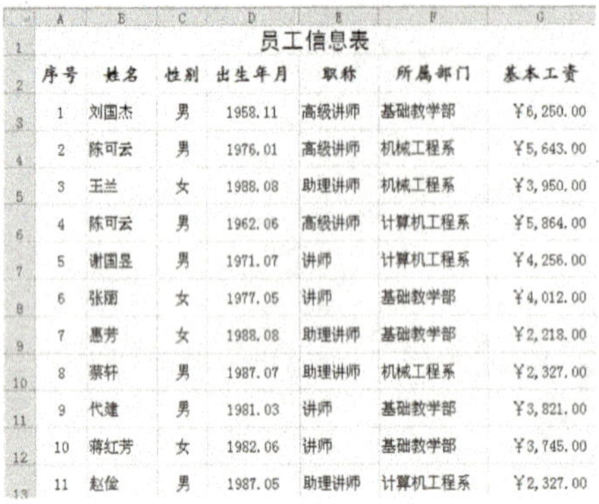

图 4-11 设置对齐方式　　　　　　图 4-12 设置表格边框

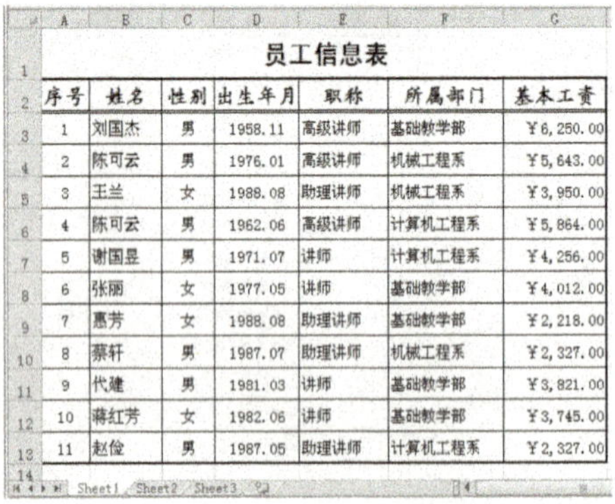

10. 保存工作簿

文本输入、修改完毕后,可以永久保存在磁盘上。单击快速访问工具栏中的"保存"按钮 🖫 或选择"文件"选项卡中的"保存"命令保存"员工信息表.xlsx"工作簿。对于未命名的文档,执行以上操作时,将弹出"另存为"对话框,在对话框中可选择文件的保存位置,输入文件名等,最后单击"保存"按钮即可。

> ☞技巧点滴:在编辑过程中,Excel 2010 还有自动保存功能,用户可以在"文件"选项卡中选择"选项",在"选项"对话框"保存"选项中的"保护工作簿"选项组中设置"保存自动恢复信息间隔时间",这样 Excel 可以根据用户设置的间隔时间自动保存文档,避免因断电或意外造成的数据丢失。

11. 退出 Excel

退出 Excel 时将关闭所有文档。如果某些打开的文档修改后在退出前没有保存,Excel 将询问用户是否保存对工作簿的修改。退出 Excel 2010 主要有以下几种方法:

1)单击 Excel 标题栏右上角"关闭"按钮 ⊠。
2)双击 Excel 窗口左上角应用程序图标 ⓧ。
3)选择"文件"选项卡中的"退出"命令。
4)按 <Alt + F4> 组合键。

> ☞技巧点滴:按住 <Shift> 键不放,再单击右上角"关闭"按钮,可以关闭所有打开的 Excel 文件。

一、表格的结构

表格就是由反映一组管理项目的"字段列",以及针对"关键字段"而形成的一组"记录行"构成的二维数据组。

字段名是在表头单元格创建的名称,确定了表格待管理数据的含义。记录是表格中每一行中相关联的数据。其中,位于左侧第一列位置的表格,称为左表头。它存放表头管理的各个字段中最重要的字段,是数据管理中的主要监视对象。

二、打开 Excel 工作簿

要编辑已经存在的 Excel 工作簿,必须先打开该 Excel 工作簿。操作步骤如下:

1)选择"文件"选项卡中"打开"命令或按 <Ctrl + O> 组合键,弹出"打开"对话框,如图 4-13 所示。

2)在"打开"对话框中选择"查找范围""文件类型"(Excel 文件)和"文件名"后,单击"打开"按钮,即可打开指定的 Excel 工作簿。

图 4-13 "打开"对话框

三、查找和替换

查找和替换功能可以快速在工作表中查找用户指定内容,或将指定的内容替换为其他内容。在 Excel 中,用户可以在一个工作表或多个工作表中进行查找与替换。

1. 查找数据

在"开始"选项卡中,单击"编辑"选项组中的"查找和选择"按钮,在弹出的对话框中选择"查找"选项卡,在"查找内容"文本框中输入要查找的内容,单击"查找下一个"按钮,查找下一个符合条件的单元格,而这个单元格自动成为活动单元格,如图 4-14 所示。

图 4-14 "查找和替换"对话框

2. 替换数据

如果查找的内容需要替换为其他文字、数据等，则可以使用替换功能。

在"开始"选项卡中，单击"编辑"选项组中的"查找和选择"按钮，在弹出的对话框中选择"替换"选项卡，在"查找内容"文本框中输入要查找的内容，在"替换为"文本框中输入要被替换的内容，单击"替换"按钮，即只替换当前的一个替换对象；单击"替换全部"按钮，即替换工作表中所有相同的替换对象。

> ☞技巧点滴：在进行查找和替换时，如果不能确定完整的搜索信息，可以使用通配符"?"和"*"来代替不能确定的部分信息。"?"代表一个字符，"*"代表一个或多个字符。

四、活动单元格的切换

活动单元格就是指正在使用的单元格，在其外有一个黑色的方框。在 Excel 单元格中输入数据后，按 < Enter > 键表示确认输入数据，同时单元格指针自动移到下一个单元格；按 < Shift + Enter > 组合键表示确认输入数据，同时单元格指针自动移到上一个单元格；按 < Tab > 键表示确认输入数据，同时单元格指针自动向右移一个单元格；按 < Shift + Tab > 组合键表示确认输入数据，同时单元格指针自动向左移一个单元格。还可用"↑""↓""→""←"光标键进行切换。

任务考核

一、实战演练

在 Excel 2010 中制作下列汇总表，如图 4-15 所示。

2018 年各单位招聘员工计划汇总表								
序号	部门	岗位	专业	学历	性别	人数	要求条件	工作地区
1	玻璃设计院	研发、设计	总图运输	本科	男	2	应届,30 周岁以下,上海周边居住	上海
2	建筑设计院	研发、设计	建筑工程	硕士	男	2	应届,35 周岁以下,上海周边居住	上海
3	总经理办公室	行政助理	英语/文秘	硕士	女	1	应届	上海
4	财务部	财务经理	财务相关专业	硕士	男	2	3 年以上相关专业工作经历；英语 CET6	上海
5	企业发展部	企业管理	工商管理/企业管理	本科	不限	1	有企业管理,投融资、收购兼并工作经验者优先	苏州
6	机电设备开发研究院	研发、设计	机械	本科	男	2	30 周岁及以下	杭州
7	采购部	采购	机械电气	本科	男	2	应届	上海
8	信息中心	计算机维护	计算机应用	本科	男	1	应届,有责任心,工作能吃苦耐劳	上海

图 4-15　汇总表示例

二、小试牛刀

1. 在 Excel 2010 中,一个工作簿中默认有_____张工作表,可设置有_____张工作表。一个工作表最多有_____行,最大有_____列构成。

2. Excel 工作簿保存默认的扩展名是_____。

3. 选定 Excel 所有单元格的快捷键是_____。

4. 在"开始"选项卡的"对齐方式"选项组有_____、_____、_____及_____、_____、_____等对齐命令。

5. 选择不连续的单元格或区域时需按住_____键,依次选定其他单元格区域。

6. 在 Excel 中,A2 至 A6 单元格区域的表示形式是_____。

7. 退出 Excel 2010 的操作方法主要有_____、_____、_____和_____。

8. 如果在一个单元格中输入多行文本,按_____组合键进行输入。

9. 文本的对齐方式默认为_____对齐,数值的对齐方式默认为_____对齐。

10. "查找和选择"按钮在"开始"选项卡的"_____"选项组中。

任务评价

序号	任务评价细则	任务评价结果		
		自评	小组互评	师评
1	输入汇总表内容准确,无错别字			
2	整体排版得体			
3	能熟练运用字体、对齐方式等操作			
4	实战演练完成情况			
5	小试牛刀掌握情况			
评价(A、B、C、D 分别表示优、良、合格、不合格)				
任务综合评价				

任务二　学生成绩汇总与分析表的制作

任务描述

本任务要达到的效果如图 4-16 所示。

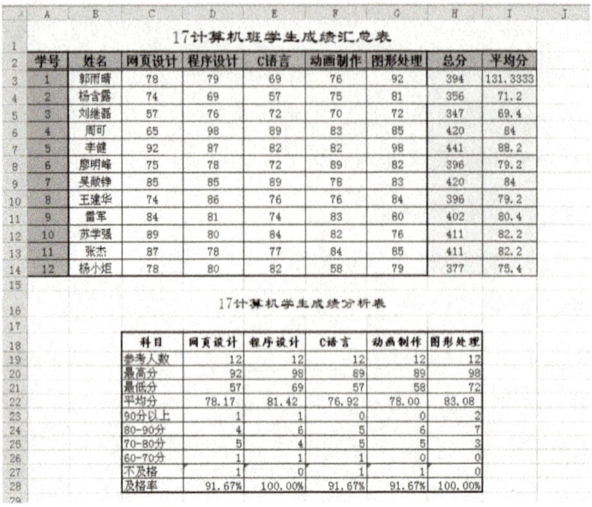

![学生成绩汇总与分析表]

图 4-16　学生成绩汇总与分析表

在 Excel 制作过程中,为了使工作表实用美观,数据编辑方便快捷,需要美化工作表和计算数据,能够满足不同领域的不同需求。本任务主要内容是进行学生成绩的汇总与分析,如图 4-16 所示。包括的知识要点有单元格格式设置、填充数据、公式及函数的使用。重点操作是复制填充、函数的使用。

通过本任务的学习,要达到以下目标:

1)学会单元格格式设置的操作方法。

2)掌握复制填充单元格内容等操作方法。

3)掌握公式及常用函数的使用方法。

一、设置单元格和表格的格式

为了方便用户制表,Excel 2010 在打开工作簿界面中,工作表编辑区默认显示网格线,但显示的网格线只是用于辅助制作表格的,不能打印输出。要将边框和网格输出,必须进行设置,所以 Excel 2010 是"先输入数据,后绘制表格"。

Excel 2010 单元格数据的格式可以在数据录入前设置,也可以在数据录入完成后设置。单元格的格式包括数字的类型、对齐方式、字体的格式、添加边框和填充底纹的设置等。操作方法如下:选定要设置格式的单元格或数据区域,然后在"开始"选项卡中,单击"字体"组中的对话框启动器按钮;或在"开始"选项卡中,选择"单元格"组中"格式"下拉菜单中的"设置单元格格式"命令,弹出"设置单元格格式"对话框,如图 4-17 所示。

图 4-17 "设置单元格格式"对话框

1. 数字格式设置

在"设置单元格格式"对话框中的"数字"选项卡中设置。

2. 对齐方式设置

在"设置单元格格式"对话框中的"对齐"选项卡中设置。在该选项卡中,除了设置文字的水平和垂直方向的对齐方式外,还可以设置单元格中的文本旋转方向和角度,调整文本的单元格中的显示方式(自动换行、合并单元格等)。

3. 字体格式设置

为单元格中所选文本选择字体、字形、字号以及其他字体格式选项。

4. 边框设置

在"设置单元格格式"对话框中的"边框"选项卡中设置,可以为所选单元格设置边框和网格线(包括线型、宽度和颜色)。

5. 填充设置

在"填充"选项卡中,可以为选中的单元格设置背景色、图案颜色和填充效果,以突出显示单元格内容。

6. 保护设置

在"保护"选项卡中,可以隐藏公式、锁定单元格,但只有在保护工作表后才有效。

二、自动填充

1. 使用填充柄进行自动填充

在制作电子表格中,拖曳"填充柄"不仅可以填充相同数据,还可以快速填充序列,如1,2,3…或星期一、星期二、星期三……Excel 中的"填充柄"就是活动单元格右下方的黑色方块,用户用鼠标拖动它时可以自动填充。

(1)输入连续数字 在两个连续单元格中输入"1"和"2"后,选中这两个单元格,将鼠标指针移到该区域右下角鼠标指针变成"+"形状,然后拖曳鼠标指针至合适的位置释放鼠标左键。

(2)输入日期 同样的方法,使用"填充柄"可以填充连续的日期序列。

2. 使用"序列"对话框进行自动填充

在"开始"选项卡中，单击"编辑"组中的"填充"下拉按钮，选择"系列"命令，弹出"序列"对话框，如图4-18所示。

图4-18　"序列"对话框

三、公式的使用

公式是 Excel 最重要的内容之一，充分灵活地运用公式，可以实现数据处理的自动化。输入公式的方法如下：

1）选中存放计算数据结果的单元格。
2）输入"＝"，在编辑栏中就会显示"＝"。
3）输入参与运算的数值、单元格地址和运算符。
4）在编辑栏中单击 ✔ 按钮，或按下〈Enter〉键。

例如，在 C8 中输入"＝C5＋C6－C7"，表示 C8 单元格的值为 C5＋C6－C7。

四、函数的应用

函数是一种预定义的特殊公式，为用户对数据进行运算和分析带来极大的方便。Excel 函数由函数名称、参数和括号组成，其一般格式为：函数名称(参数)。Excel 2010 提供了许多内置函数，如财务、日期与时间、数学与三角函数、统计、查找与引用、数据库、文本、逻辑、信息等。

输入函数的方法很多，如直接输入、"插入函数"按钮、"函数库"选项组等。

单击"公式"选项卡，在"函数库"组中，单击"插入函数"按钮，弹出"插入函数"对话框，如图4-19所示。在"插入函数"对话框中，指定函数的类型，并在打开的函数列表框中选择所需的函数，单击"确定"按钮即可。

另外，在编辑栏中单击"插入函数"按钮 *fx*；或在"开始"选项卡中，单击"编辑"组中的"自动求和"下拉按钮，选择"其他函数"命令，也能弹出"插入函数"对话框。

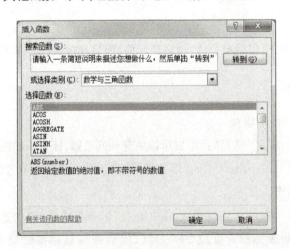

图4-19　"插入函数"对话框

> ☞技巧点滴:如果在调用函数时,对函数的功能或结构不是很清楚,则可以双击"函数参数"对话框左下角的"有关该函数的帮助"的链接,即可得到该函数的帮助。

一、制作学生成绩汇总表

1. 输入学生成绩

如图 4-20 所示,新建一个工作簿,用自动填充方法输入学生学号,其他数据直接输入。以"学生成绩汇总表.xlsx"为文件名进行保存,以后在操作中随时单击"保存"按钮保存。

图 4-20　输入学生成绩

2. 设置标题格式

选中 A1 到 I1 单元格区域,单击"开始"选项卡中的"合并及居中"按钮，设置标题字体为"隶书",字号为"18",设置其在单元格水平居中、垂直居中,行高 28 磅。

3. 设置表格格式

1)选中 A2 到 I2 单元格区域,设置字体为"宋体",字号为"12",加粗,设置其在单元格水平居中、垂直居中。

2)选中 A3 到 I14 单元格区域,设置字体为"宋体",字号为"12",设置其在单元格水平居中、垂直居中。

4. 设置表格边框

1)选中 A2 到 I14 单元格区域,设置边框线为"所有框线"和"粗框线"。

2)选中 A2 到 I2 单元格区域,设置下边框线为"双底框线"。

3)选中 B2 到 I14 单元格区域,单击"开始"选项卡中的"字体"组的下拉按钮,弹出"设置单元格格式"对话框,选择"边框"选项设置左右两侧为粗框线,如图 4-21 所示。

4)分别选中(A2:A14)、(A2:I2)单元格区域,将所选单元格区域填充浅绿色;选中(H3:I14)单元格区域,将所选单元格填充黄色,如图 4-22 所示。

图 4-21 设置边框线　　　　　　　　图 4-22 设置填充颜色

5. 用 SUM 函数计算总分

用 SUM 函数计算"总分"的操作步骤如下：

1）选中 H3 单元格。

2）单击编辑栏中的"插入函数"按钮 fx，弹出"插入函数"对话框，选择"SUM"函数，单击"确定"按钮。

3）如图 4-23 所示，在"函数参数"对话框中，单击"Number1"后的"拾取"按钮，然后在工作表中选择 C3 到 G3 单元格区域，如图 4-24 所示，再次单击"拾取"按钮，返回"函数参数"对话框。

图 4-23 SUM 函数参数

图 4-24 "函数参数"对话框

4）单击"确定"按钮，计算出"郭雨晴"的总分。

5）将鼠标指针移至 H3 单元格右下角的填充柄，按住鼠标左键，向下拖至 H14 单元格，释放鼠标左键。进行公式的复制填充，计算出所有学生的"总分"。

> ▽技巧点滴：求 C3 到 G3 的和，可以直接输入"=SUM(C3:G3)"，也可输入公式"=C3+D3+E3+F3+G3"。

6. 用 AVERAGE 函数计算平均成绩

用 AVERAGE 函数计算"平均分"的操作步骤如下：

1）选中 I3 单元格。

2）单击"开始"选项卡中的"编辑"组里的"自动求和"下拉按钮，选择"平均值"命令，然后在工作表中选择 C3 到 G3 单元格区域,按 <Enter> 键确认。

3)将鼠标指针移至 I3 单元格右下角的填充柄,按住鼠标左键,向下拖至 I14 单元格,释放鼠标左键。进行公式的复制填充,计算出所有学生的"平均分"。

> ☞技巧点滴:如果只想知道选定单元格区域的某些求值结果,而不需要将该结果显示在单元格中,那么就可以直接使用 Excel 提供的自动计算功能,即:选中单元格区域,在状态栏上会显示平均值、计数、求和等计算结果。右击鼠标还可以设置要显示的其他项目。

二、制作学生成绩分析表

1. 创建空白学生成绩分析表

如图 4-25 所示,输入学生成绩分析表的行、列标题,并设置其边框等格式。

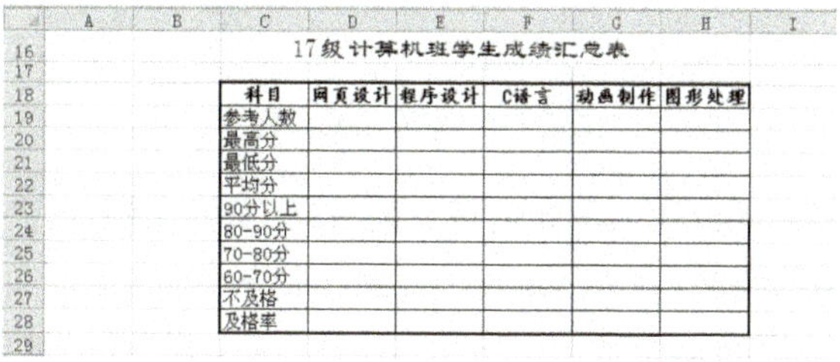

图 4-25　空白学生成绩分析表

2. 用 COUNT 函数统计每门课程参考人数

1)选中 D19 单元格。

2)单击编辑栏中的"插入函数"按钮 f_x ,弹出"插入函数"对话框,选择"COUNT"函数,单击"确定"按钮。

3)如图 4-26 所示,选择 COUNT 函数参数 Value1 为"C3:C14",然后单击"确定"按钮,计算出网页设计科目的参考人数。

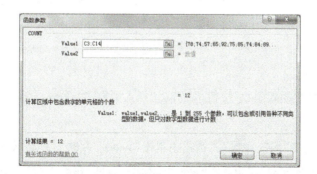

图 4-26　COUNT 函数参数

4)将鼠标指针移至 D19 单元格右下角的填充柄,按住鼠标左键,向右拖至 H19 单元格,释放鼠标左键。进行公式的复制填充,计算出所有科目的参考人数。

3. 用 MAX 函数统计每门课程最高分

1)选中 D20 单元格。

2)单击编辑栏中的"插入函数"按钮 fx,弹出"插入函数"对话框,选择"MAX"函数,单击"确定"按钮。

3)如图 4-27 所示,选择 MAX 函数参数 Number1 为"C3:C14",然后单击"确定"按钮,计算出网页设计科目的最高分。

图 4-27　MAX 函数参数

4)将鼠标指针移至 D20 单元格右下角的填充柄,按住鼠标左键,向右拖至 H20 单元格,释放鼠标左键。进行公式的复制填充,计算出所有科目的最高分。

4. 用 MIN 函数统计每门课程最低分

统计每门课程最低分使用 MIN 函数,其操作与统计最高分的操作方法相同。

5. 用 AVERAGE 函数计算平均分

统计每门课程平均分使用 AVERAGE 函数,其操作与前面介绍的操作方法相同。

6. 用 COUNTIF 函数统计每门课程成绩在 90 分以上的学生人数

> 温馨提示:计算区域中满足给定条件的单元格的个数用 COUNTIF 函数,其格式是:COUNTIF(Range,Criteria)。其中,Range 为需要计算其中满足条件的单元格数目的单元格区域;Criteria 为确定哪些单元格将被计算在内的条件,其形式可以为数字、表达式单元格引用或文本。

1)选中 D23 单元格。

2)单击编辑栏中的"插入函数"按钮 fx,弹出"插入函数"对话框,选择"COUNTIF"函数,单击"确定"按钮。

3)如图 4-28 所示,在"函数参数"对话框中单击"Range"后的"拾取"按钮,然后在工作表中选择 C3 到 C14 单元格区域,再次单击"拾取"按钮,返回"函数参数"对话框。在"函数参数"对话框中的"Criteria"中,输入条件">=90",然后单击"确定"按钮。

4）用公式复制填充的方法，拖拉出"程序设计""C 语言""动画制作"和"图形处理"等课程成绩高于 90 分的人数。

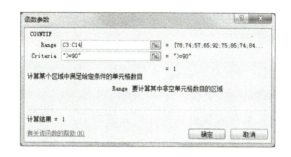

图 4-28　COUNTIF 函数参数

7. 分别统计各门课程不同分数段的人数

先统计出网页设计不同分数段的人数，其计算公式分别如下：

"80－90"分数段人数为：=COUNTIF(C3:C14,">=80")-COUNTIF(C3:C14,">=90")；

"70－80"分数段人数为：=COUNTIF(C3:C14,">=70")-COUNTIF(C3:C14,">=80")；

"60－70"分数段人数为：=COUNTIF(C3:C14,">=60")-COUNTIF(C3:C14,">=70")；

"不及格"分数段人数为：=COUNTIF(C3:C14,"<60")。

同样用公式复制填充的方法统计其他科目的不同分数段的人数。

8. 用 COUNTIF 函数计算每门课程的及格率

1）选中 D28 单元格，先统计出网页设计的及格率，输入公式：=COUNTIF(C3:C14,">=60")/COUNTIF(C3:C14,">=0")或者=COUNTIF(C3:C14,">=60")/D19，这里的 D19 是"网页设计科目的总参考人数"存放的单元格。

2）同样用公式复制填充，计算出其他几门课程的及格率。

3）选中 D28 到 H28 单元格区域，单击"数字"组上的"百分比样式"按钮，将数据格式设置为百分比样式。

9. 页面设置

单击"页面布局"选项卡，在"页面设置"组中，单击对话框启动按钮，弹出"页面设置"对话框，如图 4-29 所示，设置纸张大小为"A4"，纸张方向为"纵向"，左右页边距均为"1.5 厘米"，最后单击"确定"按钮。

10. 插入分页符

单击行号"16"，选中第 16 行，单击"页面布局"选项卡中"分隔符"按钮，选择"插入分页符"命令，在该行前面插入分页符，打印时就会把"学生成绩汇总表"和"学生成绩分析表"分别打印在两张 A4 的纸上。

11. 保存工作簿

单击"保存"按钮，保存该工作簿。

图 4-29　"页面设置"对话框

一、公式的复制填充

在 Excel 中,如果想将某一单元格的数据(字符或公式)复制到同列(行)中其他大量连续的单元格中,可以通过"填充柄"的拖拉完成。具体方法如下:

选中需要复制的单元格,然后将鼠标移至该单元格右下角的填充柄上,按住鼠标左键向下(或向右)拖拉,即可将公式复制到该列(该行)下面(后面)的单元格区域中。

二、自动求和

在 Excel 数据处理过程中,用户可能会经常对数据进行求和计算。操作步骤如下:

1)选中要累加求和的单元格区域,此区域最后一般保留一个空白单元格。

2)单击"开始"选项卡,在"编辑"组中,单击"自动求和"按钮。此时,求和的结果会显示在保留的空白单元格中。

单击"自动求和"按钮旁的黑色小三角形,还可以快捷地求出平均值、计数、最大值等。

三、交换行列

如果表格数据输入完成后,发现表格中行或者列的位置有错误,可以整行或者整列的调整。操作步骤如下:

1)选中要调整的行或列。

2)单击鼠标右键,在弹出的快捷菜单中选择"剪切"命令。

3)选中要调整的目标位置(行或列)。

4)单击鼠标右键,在弹出的快捷菜单中选择"插入剪切的单元格"命令,剪切的单元格即被插入到目标位置的行或列之前。

四、单元格的引用

单元格作为一个整体单元格地址的形式参与运算称为单元格引用。单元格引用就是把单元格(地址)引入数据公式(数据公式要使用单元格中存储的数据进行计算)。

1)单元格的引用要用到标识单元格的编号(单元格地址)。通常单元格引用的样式是"列标 + 行号",如"A1,C6"等。

2)对于单元格区域的引用为:起始单元格"列标 + 行号" + ":" + 结束单元格的"列标 + 行号",如"B2:H11""A1:D4"等。

3)单元格的引用,根据其地址(编码)随公式被复制到其他单元格时是否变化,分为绝对引用、相对引用和混合引用三类。

①绝对引用:当把一个单元格地址中的公式复制到一个新的位置时,使用公式中的固定单元

格地址不会随着改变(公式在复制过程中,引用的固定单元格保持不变)。绝对引用的表示方式为"＄列标＋＄行号"。

②相对引用:当把一个单元格地址中的公式复制到一个新的位置时,公式中的单元格地址会随着改变。这是 Excel 系统默认的引用方式。相对引用的表示方式为"列标＋行号"。

③混合引用:在一个单元格的引用中,既有绝对地址引用,也有相对引用(复制公式时,只有行或列地址保持不变)。混合引用的表示方式为"＄列标＋行号"或"列标＋＄行号"。

4) 引用方法。

①引用同一个工作表中的数据:"单元格地址",如"＄B＄6"。

②引用同一个工作簿不同工作表的数据:"工作表名！单元格地址",如"Sheet2！＄C＄6"。

③引用不同工作簿中的数据:"［工作簿名］工作表名！单元格地址",如"工作簿 2.xlsx！Sheet2！＄D＄5"。

任务考核

一、实战演练

如图 4-30 所示,制作下列考试成绩汇总表。在相应的单元格内求出总评成绩、名次、机试最低分、机试最高分、机试平均分和机试及格人数。(注意:统计名次的函数为 RANK 函数,在"Ref"中进行单元格区域引用时,一定要用绝对引用,不然,在进行成绩的比较计算过程中会因"Ref"引用的单元格变化而出现错误,如图 4-31 所示。)

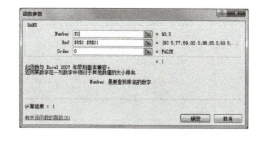

图 4-30　考试成绩汇总表　　　　　　　图 4-31　RANK 函数参数

二、小试牛刀

1. 当输入内容超过列宽,而右边列有内容时,数值数据以_____形式显示,字符数据以_____形式显示。

2. 单元格的名称用_____来表示的。第 5 行第 4 列的单元格地址表示为_____。

3. 在 Excel 中,单元格的引用分为_____、_____和_____3 类。

4. 输入公式"＝D2＋D3＋D4＋D5"和输入函数"＝SUM(　　　　)"功能是相同的。

5. AVERAGE 函数的功能是求_____,COUNT 函数的功能是求_____;求最大值用函数_____,求最小值用函数_____。

序号	任务评价细则	任务评价结果		
		自评	小组互评	师评
1	输入表格内容、单元格格式准确			
2	能熟练运用数据自动填充等操作			
3	利用函数计算的数据准确			
4	实战演练完成情况			
5	小试牛刀掌握情况			
评价（A、B、C、D 分别表示优、良、合格、不合格）				
任务综合评价				

任务三　销售情况表与图表的制作

本任务要达到的效果如图 4-32 所示。

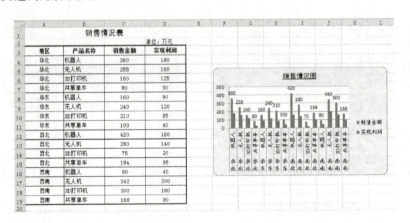

图 4-32　销售情况表及图表

　　本任务主要内容是对销售情况表中的数据进行分析，并以图表的形式表现出来，为决策提供参考。本任务包括的知识要点有排序、筛选、分类汇总、合并计算、图表的创建与编辑、工作表的复制与重命名等相关内容。重点操作是工作表的复制与重命名、自动筛选、分类汇总、合并计算、图表的创建与编辑等。

通过本任务的学习,要达到以下目标:

1)掌握工作表的复制与重命名的操作方法。

2)掌握自动筛选、分类汇总和合并计算的操作方法。

3)掌握图表的创建与编辑的操作方法。

一、排序

排序的功能是用户按照一定的规则对工作表中的数据进行整理和重新排序。数据排序可以按升序(从小到大)、降序(从大到小)或用户自定义的方式进行。排序所用的列标题通常称为关键字。

1. 简单排序

依据单一条件进行排序。

2. 复杂排序

如果在排序字段里出现相同的内容,则会保持着它们的原始次序。如果用户还要对这些相同的内容按照一定条件进行排序,就要用到多个关键字的复杂排序。如果数据表重复项较多,则可以单击"排序"对话框中的"添加条件"按钮,添加更多的排序条件即"关键字"。

> 温馨提示:在排序操作前,检查数据库中不能有空列,否则会使数据产生混乱。

二、筛选

数据筛选是一种用于查找数据的快速方法。当工作表数据很多时,用户可以设定条件,来显示符合条件的记录,而将不符合条件的记录暂时隐藏起来,这个操作叫筛选。通过筛选,使表格更加清晰,方便用户对数据进行分析。常用的筛选方式有两种:自动筛选和高级筛选。

1. 自动筛选

自动筛选是一种快速的筛选方法,筛选时将不满足条件的数据暂时隐藏起来,只显示符合条件的数据。在"数据"选项卡中,单击"排序和筛选"组中的"筛选"按钮,数据列表中第一行的各列中将分别显示出一个下拉按钮,自动筛选就将通过它们进行。

2. 高级筛选

高级筛选一般用于条件较复杂的筛选操作,其筛选的结果可显示在原数据表格中,不符合条件的记录被隐藏起来;也可以在新位置显示筛选结果,不符合条件的记录同时保留在数据表中而不会被隐藏起来,这样会更加便于进行数据比对。

使用高级筛选功能时,必须先建立一个条件区域,用来指定筛选条件。条件区域的第一行是所有作为筛选条件的字段名,这些字段名与数据列表中的字段名必须一致,条件区域的其他行则为输入筛选条件。条件区域与数据列表不能连接,必须用空行或空列将其隔开。

三、分类汇总

分类汇总可以对数据清单的各个字段按分类逐级进行汇总计算,如求和、平均值、最大值、最小值、总体立方差等,将汇总结果从汇总和明细两种角度显示数据,可以快捷地创建各种汇总报告。

在进行分类汇总之前,必须先对数据清单进行排序,使属于同一类的记录集中在一起。若要恢复统计之前的数据显示状态,只需在"分类汇总"对话框中单击"全部删除"按钮。

四、合并计算

合并计算是对一个或多个源区中的源数据进行同类合并汇总。比如,一个公司内可能有很多的销售地区或者分公司,各个分公司具有各自的销售报表和会计报表,为了对整个公司的所有情况进行全面的了解,就要将这些分散的数据进行合并,从而得到一份完整的销售统计报表或者会计报表。

如果要汇总计算一组具有相同行和列标志的但以不同的方式组织数据的工作表,则可按分类进行合并计算。这种方法会对每一张工作表中具有相同标志的数据进行合并计算。

合并计算数据,首先必须为汇总信息定义一个目标区域,用来显示摘录的信息。此目标区域可位于与源数据相同的工作表上,或在另一个工作表上或工作簿内。其次,需要选择要合并计算的数据源。此数据源可以来自单个工作表、多个工作表或多重工作簿。

> 温馨提示:确保每个数据区域为列表(列表指包含相关数据的一系列行,或使用"创建列表"命令作为数据表指定给函数的一系列行)的格式,即第一行中的第一列都具有标志,同一列中包含相似的数据,并且在列表中没有空行或空列。根据分类进行合并时,要确保每个区域具有相同的布局,确保要合并的行或列的标志具有相同的拼写和大小写。

五、图表的创建

图表就是将单元格中的数据以各种统计图表的形式显示,使得数据更直观。当工作表中的数据发生变化时,图表中对应项的数据也会自动变化。Excel 2010 自带有各种各样的图表,如柱形图、折线图、饼图、条形图、面积图、散点图等。通常情况下,使用柱形图来比较数据间的数量关系;使用直线图来反映数据间的趋势关系;使用饼图来表示数据间的分配关系。

数据是图表的基础,若要创建图表,首先需在工作表中为图表准备数据。图表的创建的操作方法有三种。

1)单击"插入"选项卡中的"图表"组里的图表类型创建图表。

2)单击"插入"选项卡中的"图表"组的右下角的对话框启动按钮,弹出"插入图表"对话框创建图表。

3)选中目标数据区域,按<F11>键创建图表并新建图表工作表。

任务实施

一、制作销售情况表

1. 创建销售情况表

1)新建一个 Excel 2010 工作簿,输入数据,如图 4-33 所示。

2)设置字体、字号、对齐方式及边框。

3)以"销售情况表和图表的制作.xlsx"为文件名保存该工作簿。

2. 选定工作表

一个工作簿里通常有 3 个或 3 个以上的工作表,显示为高亮度的标签就是当前工作表的标签。要让工作表进入工作状态,首先必须选定工作表。选取单个工作表的方法:鼠标指针指向要选定的工作表标签,单击鼠标左键,该工作表即为选定的当前工作表。

图 4-33 创建销售情况表

3. 重命名工作表

重命名工作表指改变工作表标签的名称。例如,将"Sheet1"改为"销售情况表"。操作方法如下:

1)双击需重新命名的工作表标签"Sheet1",直接输入"销售情况表"。

2)右击需更改名称的工作表标签"Sheet1",在弹出的快捷菜单中选择"重命名"命令,然后在标签处输入"销售情况表"。

4. 复制工作表

为了便于进行排序、筛选、分类汇总等操作,将"销售情况表"在当前工作簿中复制 4 个。其操作步骤如下:

1)左击要复制的工作表"销售情况表",按住<Ctrl>键同时拖动鼠标,当鼠标上出现一个带有小加号的标记时,拖动鼠标到增加新工作表的地方,将新工作表命名为"排序"。

2)依此类推,用同样的方法复制 4 个工作表,新复制的工作表分别重命名为"自动筛选""分类汇总""合并计算"和"高级筛选"。

5. 排序

选定"排序"工作表,按"主要关键字"为"实现利润","次要关键字"为"销售金额",对数据记录进行降序排列。操作步骤如下:

1)选定"排序"工作表的数据区域(A3:D19)。

2)单击“开始”选项卡的“编辑”组中的“排序和筛选”按钮，选择“自定义排序”命令，弹出“排序”对话框，如图 4-34 所示。

3)在“排序”对话框中，设置“主要关键字”为“实现利润”，降序排列，勾选“数据包含标题”。

4)在“排序”对话框中，单击“添加条件”按钮，添加次要关键字选项，设置“次要关键字”为“销售金额”，降序排列，如图 4-35 所示。

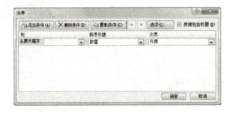

图 4-34　“排序”对话框

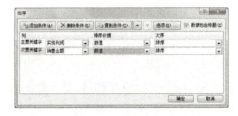

图 4-35　设置“排序”对话框

5)单击“确定”按钮。排序后的效果图如图 4-36 所示。

6. 自动筛选

选取“自动筛选”工作表，筛选出销售金额大于 200 万元的记录。操作步骤如下：

1)选定“自动筛选”工作表，选中数据区域(A3:D19)。

2)单击“数据”选项卡的“排序和筛选”选项组中的“筛选”按钮，表格的列标题每一个单元格的右侧都显示一个下拉按钮，如图 4-37 所示。

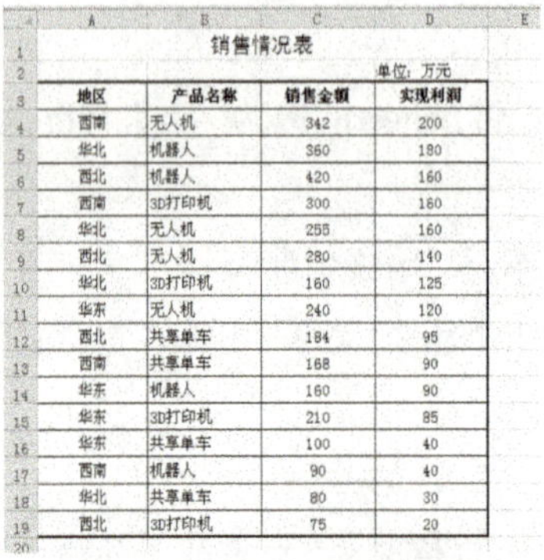

销售情况表

单位：万元

地区	产品名称	销售金额	实现利润
西南	无人机	342	200
华北	机器人	360	180
西北	机器人	420	160
西南	3D打印机	300	160
华北	无人机	255	160
西北	无人机	280	140
华北	3D打印机	160	125
华东	无人机	240	120
西北	共享单车	184	95
西南	共享单车	168	90
华东	机器人	160	90
华东	3D打印机	210	85
华东	共享单车	100	40
西南	机器人	90	40
华北	共享单车	80	30
西北	3D打印机	75	20

图 4-36　排序后的效果图

销售情况表

单位：万元

地区	产品名称	销售金额	实现利润
华北	机器人	360	180
华北	无人机	255	160
华北	3D打印机	160	125
华北	共享单车	80	30
华东	机器人	160	90
华东	无人机	240	120
华东	3D打印机	210	85
华东	共享单车	100	40
西北	机器人	420	160
西北	无人机	280	140
西北	3D打印机	75	20
西北	共享单车	184	95
西南	机器人	90	40
西南	无人机	342	200
西南	3D打印机	300	160
西南	共享单车	168	90

图 4-37　自动筛选

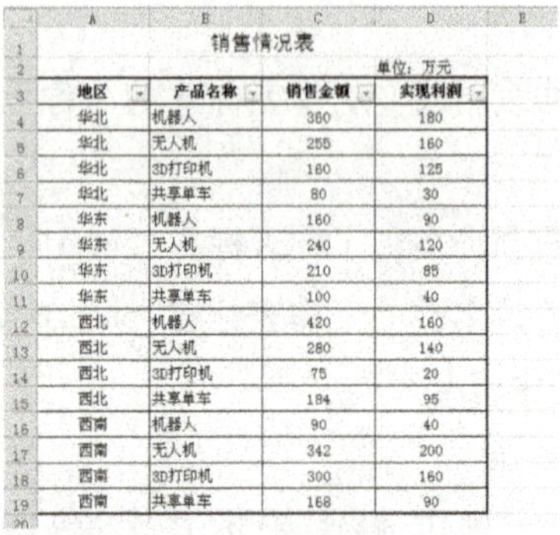

3)单击“销售金额”旁的下拉列表按钮，选择“数字筛选”菜单中的“自定义筛选”命令，弹出“自定义自动筛选方式”对话框，设置销售金额“大于或等于 200”，如图 4-38 所示。

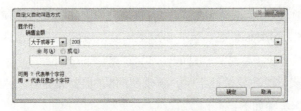

图 4-38　“自定义自动筛选方式”对话框

4）单击“确定”按钮，工作表就会显示所有符合筛选条件的记录，隐藏不符合条件的记录。自动筛选后的结果如图 4-39 所示。

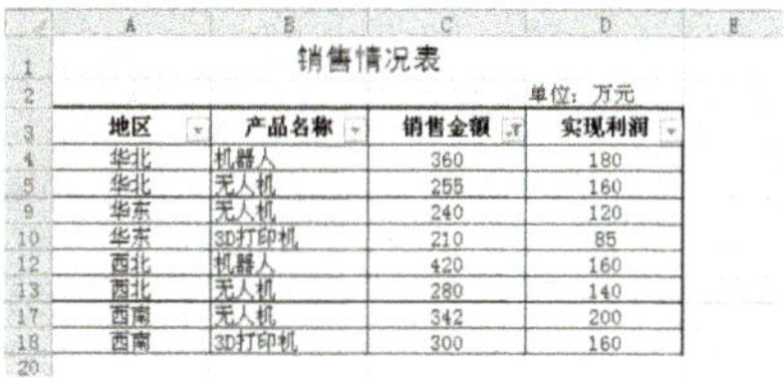
销售情况表

单位：万元

地区	产品名称	销售金额	实现利润
华北	机器人	360	180
华北	无人机	255	160
华东	无人机	240	120
华东	3D打印机	210	85
西北	机器人	420	160
西北	无人机	280	140
西南	无人机	342	200
西南	3D打印机	300	160

图 4-39　筛选结果

温馨提示：自动筛选出来的数据可供进一步分析，也可以打印或复制到其他工作表中。若要取消筛选，单击“数据”选项卡，在“排序和筛选”组中，单击“清除”按钮即可。

7. 分类汇总

选取“分类汇总”工作表为当前工作表，以“地区”为分类字段，将“销售金额”和“实现利润”进行求和分类汇总。其操作步骤如下：

1）选定“分类汇总”工作表，选中数据区域（A3:D19）。

2）单击“开始”选项卡的“编辑”组中的“排序和筛选”按钮，选择“自定义排序”命令，弹出“排序”对话框，以“地区”为主要关键字进行降序排序，如图 4-40 所示。

图 4-40　以“地区”为主要关键字

3）单击“数据”选项卡的“分级显示”组中的“分类汇总”按钮，弹出“分类汇总”对话框，如图 4-41 所示。在“分类汇总”对话框中选择“分类字段”为“地区”，“汇总方式”为“求和”，“选定汇总项”为“销售金额”和“实现利润”，勾选“替换当前分类汇总”和“汇总结果显示在数据下方”两项。

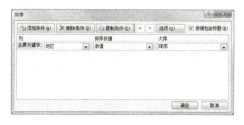

4）单击“确定”按钮，分类汇总后的结果如图 4-42 所示。

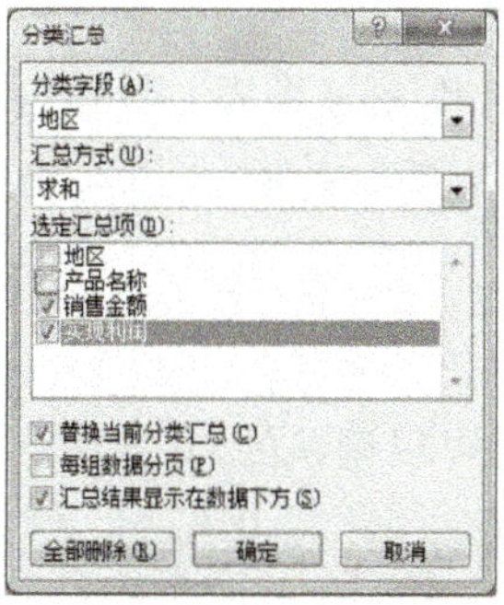

图 4-41　“分类汇总”对话框

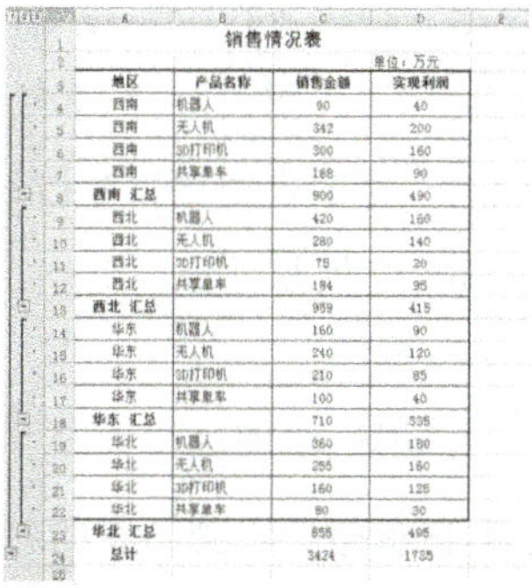
销售情况表

单位：万元

地区	产品名称	销售金额	实现利润
西南	机器人	90	40
西南	无人机	342	200
西南	3D打印机	300	160
西南	共享单车	168	90
西南 汇总		900	490
西北	机器人	420	160
西北	无人机	280	140
西北	3D打印机	75	20
西北	共享单车	184	95
西北 汇总		959	415
华东	机器人	160	90
华东	无人机	240	120
华东	3D打印机	210	85
华东	共享单车	100	40
华东 汇总		710	335
华北	机器人	360	180
华北	无人机	255	160
华北	3D打印机	160	125
华北	共享单车	80	30
华北 汇总		855	495
总计		3424	1735

图 4-42　分类汇总后的结果

8. 合并计算

选定"合并计算"工作表,合并计算 4 个产品的"销售金额"和"实现利润"的平均值。其操作步骤如下:

1)单击"合并计算"工作表标签,选定该工作表。

2)合并 F6 到 H6 单元格,输入"部门平均销售情况",设置字体为"隶书",字号为"16"。选中 F7:H11 单元格区域作为存放合并计算结果的区域,为该区域添加边框。

3)选中 F7 单元格,单击"数据"选项卡的"数据工具"组中的"合并计算"按钮,弹出"合并计算"对话框,如图 4-43 所示。

4)在"合并计算"对话框中选择"函数"为"平均值"。

5)单击"引用位置"右侧的按钮,选择当前"合并计算"工作表中的"＄B＄3:＄D＄19"单元格区域,然后单击"添加"按钮。如需引用其他区域,则可继续添加引用位置。

6)在"标签位置"勾选"首行"和"最左列",如图 4-43 所示。

7)单击"确定"按钮完成合并计算,结果如图 4-44 所示。

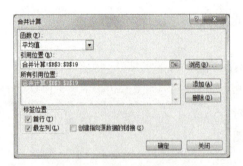

图 4-43　"合并计算"对话框　　　　　图 4-44　合并计算的结果

二、制作销售情况图表

1. 创建销售情况图表

1)打开"销售情况表和图表制作.xlsx"工作簿,选定名为"销售情况表"的工作表。

2)选定 A3:D19 单元格区域作为创建图表的数据源。

3)单击"插入"选项卡的"图表"组的下拉按钮,弹出"插入图表"对话框。

4)如图 4-45 所示,选择图表类型为"柱形图",子图表类型选择"簇状柱形图",单击"确定"按钮,创建的图表效果如图 4-46 所示。

2. 调整图表大小和位置

图表区、图例区、标题区、绘图区等大小和位置都是可以调整的,其方法与 Word 调整图片的方法相同。单击图表,鼠标指针移到图表的右下角,鼠标指针变成形状,拖动鼠标指针可以实现图表的缩放,将鼠标指针放在图表区域中,拖动鼠标指针可实现图表的移动。

图 4-45　选择图表类型

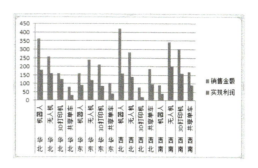

图 4-46　创建的图表效果

3. 美化图表区

将图表区的字体设置为"楷体",字号设置为"11",图表区的边框为红色圆角边框。其操作步骤如下:

1）单击图表区的空白处,选中图表。

2）在图表区的空白处单击鼠标右键,弹出快捷菜单,在快捷菜单中选择"设置图表区域格式"命令,弹出"设置图表区域格式"对话框。

3）在对话框的"边框颜色"选项卡中,设置边框为"实线、红色";在"边框样式"选项卡中,设置宽度为"1 磅",勾选"圆角"复选按钮,如图 4-47 所示。

4）在图表区的空白处单击鼠标右键,在弹出的快捷菜单中选择"字体"命令,弹出"字体"对话框,如图 4-48 所示,设置中文字体为"楷体",字号为"11"。

5）单击"确定"按钮完成设置。

图 4-47　"设置图表区域格式"对话框

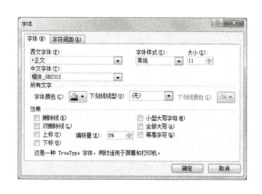

图 4-48　"字体"对话框

> ☞技巧点滴:单击绘图区,在"图表工具"中选择"设计"选项卡的"图表样式"命令组可以改变图表的图形颜色;选择"设计"选项卡的"图表布局"命令组可改变图表布局。

4. 设置图表标题格式

单击绘图区,选择"布局"选项卡中的"标签"组,使用"图表标题"命令,设置图表标题为"销售情况图"。右击标题区,在弹出的快捷菜单中选择"字体"命令,弹出"字体"对话框,设置字体为"黑体",字号为"14",下划线为"单下划线"。

5. 设置坐标轴格式

选中数值轴,单击鼠标右键后在弹出的快捷菜单中选择"设置坐标轴格式"命令,弹出"设置坐标轴格式"对话框,在"坐标轴选项"中,将"主要刻度单位"的固定值改为"100",如图 4-49所示。

6. 添加数据标签

选中簇状柱形图,单击鼠标右键,在弹出的快捷菜单中选择"添加数据标签"命令,为图表添加数据标签,效果如图 4-50 所示。

图 4-49　设置坐标轴格式

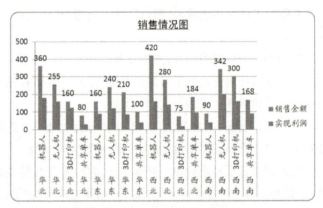

图 4-50　添加数据标签

7. 设置绘图区格式

选中绘图区,单击鼠标右键,在弹出的快捷菜单中选择"设置图表区域格式"命令;在"设置图表区域格式"对话框的"填充"选项卡中,选择"图片或纹理填充",纹理设置为"羊皮纸",单击"确定"按钮完成图表的美化和格式设置,最终效果如图 4-32 所示。

任务拓展

一、高级筛选

在"销售情况表和图表的制作"中筛选出"销售金额≥200 万元、实现利润≥140 万元"的记录。其操作步骤如下:

1)单击"高级筛选"工作表标签,切换到该工作表中。

2)在表格空白区域 F5:G6 中输入筛选的条件内容,如图 4-51所示。

3)单击"数据"选项卡的"排序和筛选"组中的"高级"按钮,弹出"高级筛选"对话框。

图 4-51　输入筛选条件

4）在“高级筛选”对话框中，勾选“在原有区域显示筛选结果”，选择列表区域（A3：D19），选择条件区域（F5：G6），如图 4-52 所示。

5）单击“确定”按钮，则工作表中只显示符合条件的数据，如图 4-53 所示。

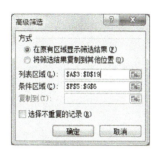

图 4-52 “高级筛选”对话框

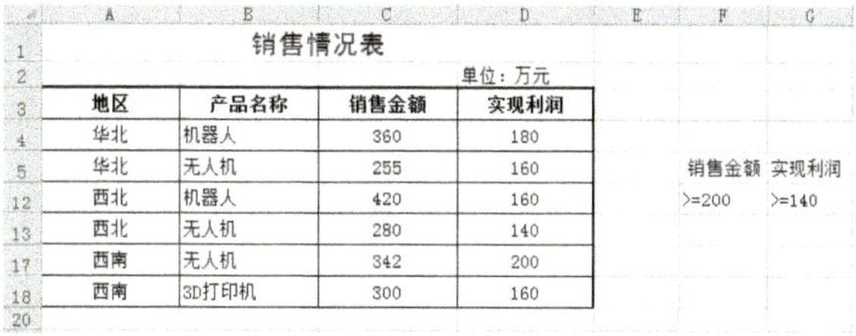

销售情况表

单位：万元

地区	产品名称	销售金额	实现利润
华北	机器人	360	180
华北	无人机	255	160
西北	机器人	420	160
西北	无人机	280	140
西南	无人机	342	200
西南	3D打印机	300	160

销售金额	实现利润
>=200	>=140

图 4-53 高级筛选后的结果

二、工作表的相关操作

在工作表标签上单击鼠标右键，会弹出快捷菜单，如图 4-54 所示，使用该菜单中的命令，可以进行隐藏、取消隐藏、移动或复制、工作表标签颜色、选定全部工作表等操作。

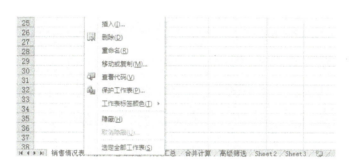

图 4-54 工作表快捷菜单

三、修改图表

当图表创建好之后，还可以对它进行修改，如修改工作表的数据或图表类型等。操作方法是：

1）选中要修改的图表。

2）单击“图表工具”中“设计”“布局”“格式”选项卡中的选项，修改图表类型、源数据、图表选项和位置等。

四、创建迷你图

迷你图是 Excel 2010 的一个新功能，是真正的单元格背景中的微型图表。它可直观地显示数据系列中的变化趋势和数据集合中的最大值与最小值。它不同于图表，它不是工作表中的对象，而是工作表单元中的一个微型图表。创建迷你图的操作步骤如下：

1）选择空单元格或组中的空单元格，将要在其中插入一个或多个迷你图。

2）单击"插入"选项卡，可以在"迷你图"组中选择折线图、柱形图或盈亏3种类型中的一种。

3）在数据框中，输入数据或选择单元格的区域，按提示向导操作即可。

任务考核

一、实战演练

1. 数据统计与分析

建立一个工作表，如图4-55所示。进行以下操作：

1）复制该工作表，分别命名为"排序表""筛选表""分类汇总表"。

2）切换到"排序表"工作表，以"工资"为主要关键字，"姓名"为次要关键字，均以升序的方式排序。

3）切换到"筛选表"工作表，筛选出表格中"工资"大于或等于5 000以上的各行。

姓名	性别	职务	工资
张三	男	普工	2000
赵六	男	普工	3000
李四	女	科长	5000
孙七	女	科长	5000
王五	男	经理	8000
周八	男	经理	8000

图4-55 工资表格效果图

4）切换到"分类汇总表"工作表，以"职务"为分类字段，将"工资"进行"平均值"分类汇总。

2. 制作图表

如图4-56所示，使用"语文""数学"和"英语"各行的数据创建一个折线图。设置图表标题字体为"楷体"；字号为"18"；"加粗"；添加数据标签，标签位置为"靠上"。

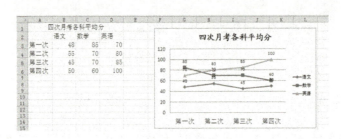

图4-56 制作折线图

二、小试牛刀

1. 数据排序可以按_____、_____、_____的方式进行。

2. 常用的筛选方式有两种：_____和_____。使用高级筛选功能时，必须先建立一个_____，用来指定筛选条件。

3. 分类汇总之前，必须先对数据清单进行_____，使属于同一类的记录集中在一起。

4. 按_____键可以创建图表。在"迷你图"组中有_____、_____、_____3种类型。

5. 单击某一工作表,按住_____键同时拖动鼠标,可以复制该工作表。

序号	任务评价细则	任务评价结果		
		自评	小组互评	师评
1	工作表复制、重命名操作准确无误			
2	能熟练运用数据排序、筛选、分类汇总操作			
3	能熟练运用图表的创建与修改等操作			
4	实战演练完成情况			
5	小试牛刀掌握情况			
评价(A、B、C、D分别表示优、良、合格、不合格)				
任务综合评价				

任务四　人事信息统计与分析

本任务要达到的效果如图 4-57 所示。

图 4-57　人事信息统计与分析表

　　本任务主要内容是通过人事信息表的建立、统计与分析,快速准确地统计、显示公司的人事信息。包括的知识要点有数据透视表、COUNTIF 函数、DATE 函数、MID 函数、MOD 函数的使用,工作表打印设置等相关操作。重点操作是相关函数的使用和数据透视表的建立。

通过本任务的学习,要达到以下目标:

1)掌握 COUNTIF 函数、DATE 函数、MID 函数、MOD 函数的使用方法。

2)掌握数据透视表的创建方法。

3)掌握工作表打印设置的操作方法。

4)掌握 Excel 工作簿的保护设置方法。

一、数据透视表

数据透视表是交互式报表,能够将筛选、排序和分类汇总等操作依次完成,并生成汇总表格。它不仅能够直观地反映数据的对比关系,还可以快速合并、比较大量数据,具有很强的数据筛选和汇总功能。Excel 数据透视表是汇总、分析、浏览和呈现数据的好方法。通过数据透视表可轻松地从不同角度查看数据。

Excel 2010 对数据透视表新增了很多功能。例如,在 Excel 2010 中,可向数据透视表中的标签下填充,也可重复数据透视表以显示所有行和列中的项目字段标题的嵌套中的标签等。

二、相关函数使用简介

1. 日期函数 DATE

DATE 函数用来返回日期代码中日期的数字。它的格式是:

DATE(year,month,day)

其中,year 为返回年份的数字,可以是一个四位数字;month 为返回月份的数字,是一个两位的数字;day 为返回日期的数字,是一个两位的数字。

2. 截取字符串函数 MID

MID 函数用于从文本字符串中指定的起始位置返回指定长度的字符串。它的格式是:

MID(text,start_num,num_chars)

其中,text 是包含要提取字符的文本字符串;start_num 表示从指定字符串的第几个字符开始截取字符;num_chars 为截取多少个字符。

3. MOD 函数

返回两数相除的余数。结果的正负号与除数相同。它的格式是:

MOD(number,divisor)

其中,number 为被除数;divisor 为除数。

三、手动分页

Excel 除了可以根据纸张的大小和设置自动分页外,还可以手动分页。当手动分页时,可以在没有排满一个页面的情况下,将下面的记录分配到下一个页面去打印显示。选中分页定位的单位，单页“页面布局”选项卡中的“页面设置”组里的“分隔符”按钮，选择“插入分页符”命令，可以在工作表中插入分页符。手动分页后，在选中的单元格的上方和左边会显示虚线分页符。如果仅对行（或列）进行手动分页，则可以选择相应的行（或列）来定位手动分页的位置。

四、页面设置

单击“页面布局”选项卡中的“页面设置”组下拉按钮，弹出“页面设置”对话框，在这个对话框中可以进行相应的页面设置，如纸张大小、纸张方向、页边距、页眉和页脚、打印区域、打印标题等。

温馨提示：拖动模拟显示页面边缘上的控制符，可以直观地调整页边距、行宽或列高。

任务实施

扫码收获更多精彩

一、制作公司人事信息表

1. 输入公司人事信息表内容

启动 Excel 2010，输入人员信息，如图 4-58 所示。

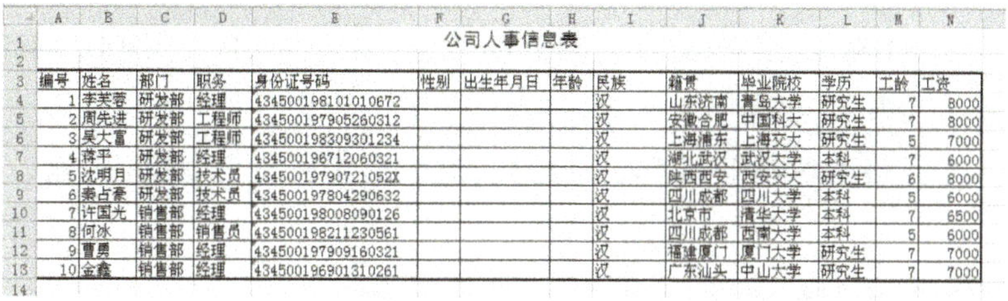

公司人事信息表

编号	姓名	部门	职务	身份证号码	性别	出生年月日	年龄	民族	籍贯	毕业院校	学历	工龄	工资
1	李芙蓉	研发部	经理	434500198101010672				汉	山东济南	青岛大学	研究生	7	8000
2	周先进	研发部	工程师	434500197905260312				汉	安徽合肥	中国科大	研究生	7	8000
3	吴大富	研发部	工程师	434500198309301234				汉	上海浦东	上海交大	研究生	5	7000
4	蒋平	研发部	经理	434500196712060321				汉	湖北武汉	武汉大学	本科	7	6000
5	沈明月	研发部	技术员	43450019790721052X				汉	陕西西安	西安交大	研究生	6	8000
6	秦占豪	研发部	技术员	434500197804290632				汉	四川成都	四川大学	本科	5	6000
7	许国光	销售部	经理	434500198008090126				汉	北京市	清华大学	本科	7	6500
8	何冰	销售部	销售员	434500198211230561				汉	四川成都	西南大学	本科	5	6000
9	曹勇	销售部	经理	434500197909160321				汉	福建厦门	厦门大学	研究生	7	7000
10	金鑫	销售部	经理	434500196901310261				汉	广东汕头	中山大学	研究生	7	7000

图 4-58 输入人员信息

技巧点滴：在 Excel 中，输入超过 11 位数字时，Excel 就会自动转为科学计数法方式显示数字，比如身份证号码是：123451234512345123，输入后就变成了：1. 23451E + 17。输入身份证号码的常用方法有两种，第一种方法是输入时在前面先输入“'”号作为前导符，即'1233451234512345123，这样单元格内数据就显示为文本格式，会完整显示出 18 位号码来，而不会显示出科学计数方式；第二种方式是先将要输入身份证号码的单元格数据格式设置为文本格式，然后输入身份证号码。

2. 输入公司人事信息表格式

1）设置“出生年月日”列，G4 到 G13 单元格区域数据格式为一种日期格式。

2)设置字体、字号及对齐方式。

3)添加表格边框。

3. 保存工作簿

在"文件"选项卡中选择"保存"命令或单击"保存"按钮,以"公司人事信息表.xlsx"为文件名保存该工作簿。

4. 根据身份证号码输入"性别"

E 列为 18 位身份证号码,现在要根据身份证号码判断性别,在 F 列显示。如果身份证号码第 17 位数是偶数则"性别"为女,奇数则"性别"为男。

在 F4 单元格中输入公式:=IF(MOD(MID(E4,17,1),2)=1,"男","女"),最后按<Enter>键即可计算出"性别"。

拖动 F4 单元格的填充柄至 F13 单元格,对公式进行复制,输入其他人员的性别。

关于这个函数公式的具体说明如下:

1)函数公式中 MID(E4,17,1)的含义是将身份证中的第 17 位数字提取出来。

2)函数公式中 MOD(MID(E4,17,1),2)的含义是将第 17 位数除以 2 取余数。

3)函数公式中 IF(MOD(MID(E4,17,1),2)=1,"男","女")的含义是如果第 17 位数除以 2 余数为 1,则"性别"为男;否则"性别"为女。

5. 根据身份证号码输入"出生年月日"

1)选中 G4 单元格。

2)在 G4 单元格中输入公式:=DATE(MID(E4,7,4),MID(E4,11,2),MID(E4,13,2)),最后按<Enter>键即可计算出"出生年月日"。

3)拖动 G4 单元格的填充柄至 G13 单元格,对公式进行复制,输入其他人员的出生年月日。

6. 根据身份证号码输入"年龄"

"出生年月日"确定后,年龄则可以利用一个简单的函数公式计算出来。

选中 H4 单元格,在单元格中输入函数公式:=(TODAY()-G4)/365,然后按<Enter>键即可计算出"年龄",最后拖拉 H4 单元格的填充柄至 H13 单元格,计算出其他人员的年龄。

计算出年龄可能有小数位,设置单元格格式为"数值",小数位数为"0"。

关于这个函数公式的具体说明如下:

1)TODAY 函数用于计算当前系统日期。只要计算机的系统日期准确,就能立即计算出当前的日期,无需参数。操作格式是"TODAY()"。

2)用 TODAY()-G4,就是用当前日期减去出生日期,计算出这个人的出生天数。

3)再除以 365 得到这个人的年龄(由于小数位数为"0",所以"四舍五入"后产生的误差在所难免。)

根据身份证号码推算出性别、出生年月日和年龄之后,公司人事信息表效果如图 4-59 所示。

公司人事信息表

编号	姓名	部门	职务	身份证号码	性别	出生年月日	年龄	民族	籍贯	毕业院校	学历	工龄	工资
1	李芙蓉	研发部	经理	434500198101010672	男	1981年1月1日	37	汉	山东济南	青岛大学	研究生	7	8000
2	周先进	研发部	工程师	434500197905260312	男	1979年5月26日	39	汉	安徽合肥	中国科大	研究生	7	8000
3	吴大富	研发部	工程师	434500198309301234	男	1983年9月30日	34	汉	上海浦东	上海交大	研究生	5	7000
4	蒋平	研发部	经理	434500196612060321	女	1966年12月6日	51	汉	湖北武汉	武汉大学	本科	7	6000
5	沈明月	研发部	技术员	43450019790721052X	女	1979年7月21日	38	汉	陕西西安	西安交大	研究生	6	8000
6	秦占豪	研发部	技术员	434500197804290632	男	1978年4月29日	40	汉	四川成都	四川大学	本科	5	6000
7	许国光	销售部	经理	434500198008090126	女	1980年8月9日	37	汉	北京市	清华大学	本科	7	6500
8	何冰	销售部	销售员	434500198211230561	女	1982年11月23日	35	汉	四川成都	西南大学	本科	5	6000
9	曹勇	销售部	经理	434500197909160321	女	1979年9月16日	38	汉	福建厦门	厦门大学	研究生	7	7000
10	金鑫	销售部	经理	434500196901310261	女	1969年1月31日	49	汉	广东汕头	中山大学	研究生	7	7000

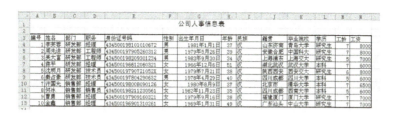

图 4-59　公司人事信息表效果图

7. 工作表重命名

将 Sheet1、Sheet2、Sheet3 分别重命名为“人事信息表”“统计表”“数据透视表”。

二、制作人事信息统计表

1. 创建统计表

1）切换到名为“统计表”的工作表。

2）制作人事信息统计表，如图 4-60 所示。

2. 按性别统计人数

选中 B3 单元格，输入公式：= COUNTIF（人事信息表！F4：F13，“男”），然后按 < Enter > 键确认。

选中 B4 单元格，输入公式：= COUNTIF（人事信息表！F4：F13，“女”），然后按 < Enter > 键确认。

3. 按学历、年龄段统计人数

学历、年龄段统计人数的方法与按性别统计人数一样，只是统计的条件和数据区域有所变化。人数统计完毕后，人事信息统计表如图 4-61 所示。

人事信息统计表

性别	人数	学历	人数	年龄段	人数
男		本科		≤30岁	
女		研究生		30～40岁	
				>40岁	

图 4-60　人事信息统计表

人事信息统计表

性别	人数	学历	人数	年龄段	人数
男	4	本科	6	<40岁	8
女	6	研究生	4	40～50岁	1
				≥50岁	1

图 4-61　统计人数后的效果图

三、制作数据透视表

使用“人事信息表”工作表中的数据，以“部门”为分页，以“职务”为行字段，以“学历”为列字段，以“性别”为计数项，从“数据透视表”工作表的 A1 单元格起，建立数据透视表。具体操作步骤如下：

1）选中“数据透视表”工作表的 A1 单元格。

2）单击“插入”选项卡中的“表格”组里的“数据透视表”按钮，选择“数据透视表”命令，弹出“创建数据透视表”对话框，选择要分析的数据区域为“人事信息表”工作表中的数据，如图 4-62 所示。

3）单击“确定”按钮，弹出数据透视表编辑区域，将“部门”拖到“报表筛选”字段区域，将“姓名”拖放到“行标签”字段区域，将“学历”和“职务”拖放到“列标签”字段区域，将“工资”拖放到“数值”区域，即数据透视表创建完成。

4）将“部门”字段筛选为“销售部”，“工资”字段计算类型设置为“平均值”，如图 4-63 所示。

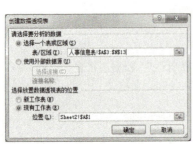

图 4-62　“创建数据透视表”对话框

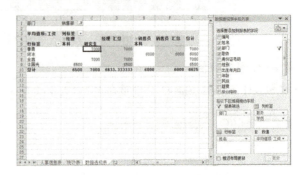

图 4-63　数据透视表效果图

四、打印人事信息统计表

1. 设置表格格式

如图 4-64 所示，设置标题字体为“华文行楷”，字号为“20”；行标题字体为“黑体”，字号为“12”；工资列设置数据格式为“货币格式”，带货币符号，小数位数为“2”；设置合适的行高和列宽、对齐方式和表格边框。

公司人事信息表

编号	姓名	部门	职务	身份证号码	性别	出生年月日	年龄	民族	籍贯	毕业院校	学历	工龄	工资
1	李芙蓉	研发部	经理	434500198101010672	男	1981年1月1日	37	汉	山东济南	青岛大学	研究生	7	￥ 8,000.00
2	周先进	研发部	工程师	434500197905260312	男	1979年5月26日	39	汉	安徽合肥	中国科大	研究生	7	￥ 8,000.00
3	吴大富	研发部	工程师	434500198309301234	男	1983年9月30日	34	汉	上海浦东	上海交大	研究生	5	￥ 7,000.00
4	蒋平	研发部	经理	434500196612060321	女	1966年12月6日	51	汉	湖北武汉	武汉大学	本科	7	￥ 6,000.00
5	沈明月	研发部	技术员	43450019790721052X	女	1979年7月21日	38	汉	陕西西安	西安交大	研究生	6	￥ 8,000.00
6	秦占豪	研发部	技术员	434500197804290632	男	1978年4月29日	40	汉	四川成都	四川大学	本科	5	￥ 6,000.00
7	许国光	销售部	经理	434500198008090126	女	1980年8月9日	37	汉	北京市	清华大学	本科	7	￥ 6,500.00
8	何冰	销售部	销售员	434500198211230561	女	1982年11月23日	35	汉	四川成都	西南大学	本科	5	￥ 6,000.00
9	曹勇	销售部	经理	434500197909160321	女	1979年9月16日	38	汉	福建厦门	厦门大学	研究生	7	￥ 7,000.00
10	金鑫	销售部	经理	434500196901310261	女	1969年1月31日	49	汉	广东汕头	中山大学	研究生	7	￥ 7,000.00

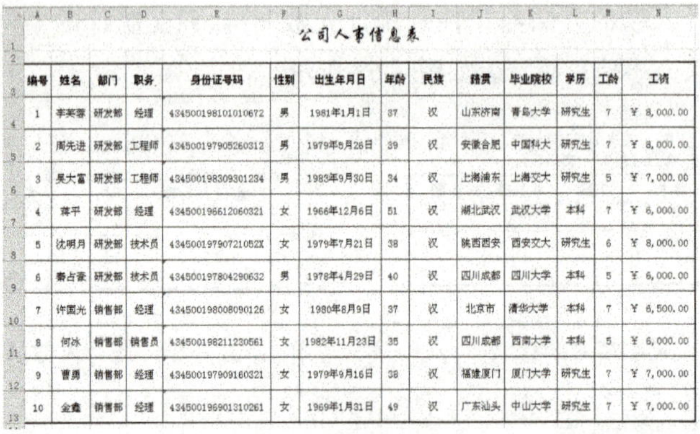

图 4-64　设置表格格式后效果图

2. 冻结窗格

冻结窗格后，滚动工作表时会始终保持锁定的行和列可见。其操作步骤如下：

1）选中 C4 单元格。

2）单击“视图”选项卡中“窗口”组的“冻结窗格”按钮，选择“冻结拆分窗格”命令。

3）在单击工作表的上、下滚动条时，C4 单元格上侧的行总是可见的；而在单击工作表左右滚动条时，C4 单元格的左侧的列总是可见的。

3. 隐藏列

打印人事信息表时，如果 K 列不需要打印出来，则可以将其隐藏起来。其操作步骤如下：

1）选中 K 列。

2）单击鼠标右键，选择快捷菜单中的"隐藏"命令。

4. 插入分页符

打印人事信息表时，如果需要手动分页，就需要在 Excel 中插入分页符。其操作步骤如下：

1）选中第 8 行。

2）单击"页面布局"选项卡中"页面设置"组的"分隔符"按钮，选择"插入分页符"命令。

5. 页面设置

单击"页面布局"选项卡中"页面设置"组下拉按钮，弹出"页面设置"对话框，如图 4-65 所示。

1）设置页面。在"页面"选项卡中，设置纸张大小为"A4"，方向为"横向"，其他选项为默认值。

2）设置边距。在"页边距"选项卡中，设置页面的上、下页边距为"2.5 厘米"，左页边距为"2.5 厘米"，右页边距为"2.0 厘米"，页眉和页脚各"1.3 厘米"；设置页面居中方式为"水平"，确保打印的表格水平方向处于页面中间位置。

3）设置页眉和页脚。在"页眉和页脚"选项卡中，可设置页眉和页脚，也可自定义页眉和页脚。

图 4-65 "页面设置"对话框

4）设置工作表。在"工作表"选项卡中，设置顶端标题行为"＄1：＄3"（第一行到第三行），其他选项为默认值。

5）调整页面设置。在"文件"菜单下选择"打印"命令，进入预览界面。在预览界面上看到的效果就是将来打印出来的效果，如对效果不满意，可以通过预览界面上的工具栏中的工具按钮进行修改（也可以关闭预览界面，返回工作表中进行修改）。

6. 打印输出

1）连接打印机，打开其电源开关。

2）在"文件"菜单下选择"打印"命令，设置好打印机、打印范围和打印份数后，单击"确定"按钮，即可从打印机上输出表格。

7. 保存工作簿

1）在"文件"菜单下选择"另存为"命令，弹出"另存为"对话框。

2）选择"另存为"对话框中"工具"下拉菜单中的"常规选项"命令，弹出"常规选项"对话框，如图 4-66 所示。输入打开权限密码、修改权限密码，单击"确定"按钮，系统提示"再次输入密码"进行密码输入，再单击"确定"按钮返回"另存为"对

图 4-66 "常规选项"对话框

话框。

3）在"另存为"对话框中，选择保存位置、选择保存类型等，输入文件名，最后单击"确定"按钮。

一、Excel 的保护

Excel 表格往往涉及统计数据等敏感问题，所以要对 Excel 表格进行保护，保证 Excel 表格的安全使用。

1. Excel 工作簿的保护

对 Excel 工作簿的保护是通过设置密码来实现的。单击"审阅"选项卡中"更改"组的"保护工作簿"按钮，在弹出的对话框中设置保护内容及密码。

2. Excel 工作表的保护

对 Excel 工作表的保护也是通过设置密码来实现的，但可以设置允许所有用户对工作表操作的选项。单击"审阅"选项卡中"更改"组的"保护工作表"按钮，在弹出的对话框中设置"取消工作表保护的密码"和"允许所有用户对工作表操作"的选项。

3. 单元格的保护

单元格的保护是通过锁定和隐藏的方式来实现的，进行保护之后用户不能更改数据或看不到数据。单元格的保护只在工作表被保护时才有效，单元格的保护可以在"设置单元格格式"对话框中设置。

二、常见错误信息

在 Excel 中输入公式后，有时不能正确地计算出结果，并在单元格内显示一个错误信息，这些错误的产生，有的是因公式本身产生的，有的则不是。常见的错误信息如下。

1. 错误值：####

可能是单元格宽度不够，需增加列的宽度，使结果完全显示。

2. 错误值：#REF！

由于删除了被公式引用的单元格而产生。

3. 错误值：#DIV/0！

在公式中，除数使用了空单元格或是包含零值单元格的单元格引用。

4. 错误值：#NAME？

在公式中，使用了 Excel 所不能识别的文本。

5. 错误值：#VALUE！

输入引用文本项的数学公式。

任务考核

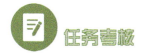

一、实战演练

如图 4-67 所示，使用该工作表中的数据作为数据源，以“省份”为报表筛选区域，以“报名号”为列字段，以“总分数”“分数 1”和“分数 2”为求和项，从 Sheet2 工作表的 A1 单元格起，建立数据透视表，并将数据透视表进行页面设置等操作后使用打印机打印输出。

	A	B	C	D	E	F	G
1	省份	部门	报名号	分数1	分数2	总分数	
2	河北	机械厅	6	68	29	97	
3	广州	电信公司	2	67	30	97	
4	上海	煤炭局	5	62	25	87	
5	北京	环保局	4	51	24	75	
6	山西	化学公司	3	66	29	95	
7	广西	移动公司	1	50	27	77	
8	湖北	电子公司	9	64	21	85	
9	湖南	交通厅	8	54	25	79	
10	河南	人事厅	7	58	25	83	

图 4-67 数据源

二、小试牛刀

1. 在 Excel 中输入公式后，当单元格宽度不够时，产生的错误值是________；当删除了被公式引用的单元格时，产生的错误值是________；当公式中出现被零除的现象时，产生的错误值是________；当公式中使用了 Excel 所不能识别的文本时，产生的错误值是________；当输入引用文本项的数学公式时，产生的错误值是________。

2. 用来返回日期代码中日期的数字的函数是________。

3. 用于从文本字符串中指定的起始位置返回指定长度的字符串的函数是________。

4. 手动分页所用的“插入分页符”命令，在“________”选项卡中“页面设置”组的“分隔符”按钮。

5. 设置冻结拆分窗格时，单击“________”选项卡中“窗口”组的“冻结窗格”按钮。

任务评价

序号	任务评价细则	任务评价结果		
		自评	小组互评	师评
1	创建人事信息统计表内容准确无误			
2	能熟练运用函数，计算结果正确			
3	能熟练运用数据透视表的操作			
4	实战演练完成情况			
5	小试牛刀掌握情况			
评价(A、B、C、D 分别表示优、良、合格、不合格)				
任务综合评价				

项目五
PowerPoint 2010 应用与操作

任务一　古诗欣赏的制作
任务二　会议字幕的制作
任务三　生日贺卡的制作
任务四　中国古典乐器简介的制作

任务一　古诗欣赏的制作

任务描述

本任务要制作一个简单的"古诗欣赏"演示文稿,其效果如图 5-1 所示。

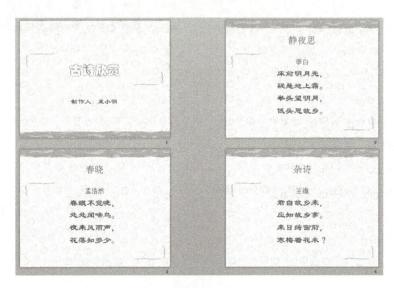

图 5-1　"古诗欣赏"演示文稿

任务分析

通过使用 PowerPoint 2010 的模板,快速制作一个包含四张幻灯片的"古诗欣赏"演示文稿,如图 5-1 所示。

通过本任务的学习,要达到以下目标:
1)熟悉 PowerPoint 2010 的操作界面。
2)掌握演示文稿的创建、文本格式、段落格式的设置方法。
3)掌握幻灯片插入、复制、移动、隐藏、删除等操作方法。
4)掌握演示文稿创建、保存及打开的方法。

一、PowerPoint 2010 简介

PowerPoint 是微软公司出品的 Office 系列办公软件中的一个组件,简称 PPT。它是一个用于

演示文稿制作和展示的软件,具有以下功能:

1)可以制作出图文并茂、色彩丰富、生动形象并且具有极强的表现力和感染力的宣传文稿、演讲文稿、幻灯片和投影胶片等。

2)可以制作出动画影片并通过投影机直接投影到银幕上以产生卡通影片的效果;还可以制作出图形圆滑流畅、文字优美的流程图或规划图,在演讲、报告和教学等场合有很大的帮助。

二、PowerPoint 2010 的操作界面

启动 PowerPoint 2010 后,进入 PowerPoint 2010 的操作界面。窗口主要由标题栏、选项卡、功能区、大纲/幻灯片浏览窗格、幻灯片编辑窗格、备注窗格、状态栏等部分组成,如图 5-2 所示。

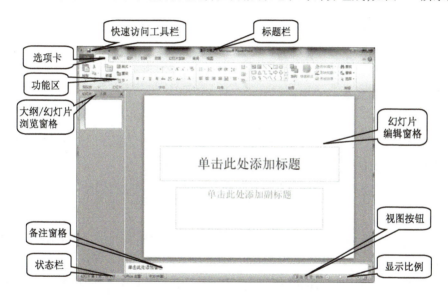

图 5-2　PowerPoint 2010 的操作界面

三、编辑幻灯片

演示文稿是由一张张幻灯片组成的,在制作幻灯片的过程中,经常要对幻灯片做一些编辑性的工作,如新建新幻灯片、复制、移动和删除幻灯片等操作。

1. 新建幻灯片

在制作演示文稿时,只用一张幻灯片是无法实现制作者要表达的内容的,只有通过多张幻灯片内容的演示才能表达出完整的意思。因此,新建幻灯片在编辑幻灯片的过程中是重要的环节之一。新建幻灯片的操作步骤如下:

1)在普通视图或幻灯片浏览视图下,单击选择要新建幻灯片的位置。

2)选择"开始"选项卡,在"幻灯片"组中,单击"新建幻灯片"按钮,也可以在快捷菜单中选择"新建幻灯片"命令,或者按 < Ctrl + M > 组合键,还可以在普通视图下的幻灯片浏览窗格中,选中某张幻灯片后直接按 < Enter > 键。

2. 复制幻灯片

如果要新建一张与某张幻灯片相似的幻灯片,则可对幻灯片进行复制,然后根据要求修改。复制幻灯片的操作步骤如下:

1)在普通视图或幻灯片浏览视图下,选中要复制的幻灯片。
2)使用"复制"和"粘贴"命令,也可以在快捷菜单中选择"复制幻灯片"命令。

3. 调整幻灯片的位置

在制作过程中,如果用户需要更改幻灯片播放的先后顺序,则可以对幻灯片位置进行调整。可以在幻灯片浏览视图下调整,也可以在普通视图的幻灯片浏览窗格中进行调整。移动幻灯片的操作步骤如下:

1)将视图切换到普通视图或幻灯片浏览视图(系统默认为普通视图)。
2)单击要移动的幻灯片,即选中该幻灯片。
3)按住鼠标左键,拖动该幻灯片到想要放置的位置,当出现灰色线条时,松开鼠标左键,则选中的幻灯片就移到当前位置。

4. 删除幻灯片

当制作完成后,用户可对多余的或不满意的幻灯片进行删除。删除幻灯片的操作步骤如下:
1)在普通视图或幻灯片浏览视图下,选中要删除的幻灯片。
2)按 <Delete> 键删除幻灯片,也可以在快捷菜单中选择"删除幻灯片"命令。

5. 隐藏幻灯片

对于制作好的演示文稿,如果希望其中的部分幻灯片在放映时不显示出来,则可以将其隐藏起来,操作步骤如下:

1)选中需要隐藏的幻灯片,单击鼠标右键,在弹出的快捷菜单中选择"隐藏幻灯片"命令。
2)此时在幻灯片的标题上出现一条删除斜线,表示该幻灯片已经被隐藏。
3)若要取消隐藏,只需要选中相应的幻灯片,再进行第一步操作即可。

四、设置字符及段落格式

可使用"开始"选项卡中"字体"组及"段落"组中的工具按钮,对文本进行格式化处理,如改变字体、字形、字号、颜色;设置行、段间距及对齐方式;为段落增加项目符号或编号等,其方法与 Word 相同。

1. 启动 PowerPoint 2010

单击"开始"菜单,选择"所有程序"项中"Microsoft Office"菜单下的"Microsoft PowerPoint 2010",即可启动 PowerPoint 2010,并自动创建一个空白演示文稿,标题栏上出现文件名为"演示文稿1"。

扫码收获更多精彩

☞技巧点滴：双击桌面上的"PowerPoint"快捷方式图标可以快速启动PowerPoint；打开"我的电脑"或"资源管理器"窗口，双击PPT类型的文件也可启动PowerPoint。

2. 利用模板新建演示文稿

启动PowerPoint 2010后，用户可以使用模板快速创建演示文稿。具体步骤如下：

1) 单击"文件"选项卡，在弹出的下拉菜单中选择"新建"命令。

2) 在右侧的"可用的模板和主题"列表框中，选择"OFFICE. COM 模板→个人→诗歌型设计模板"选项，如图5-3所示，然后单击右侧的"下载"即可，如图5-4所示。

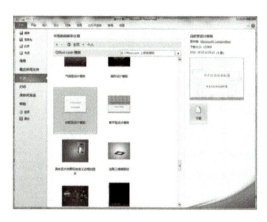
图5-3　PowerPoint 2010的模板

图5-4　选择"诗歌型设计模板"模板

3. 制作第一张幻灯片

在第一张幻灯片的占位符"单击此处添加标题"框中输入"古诗欣赏"，设置其字体为"华文彩云"，字号为"60"；在占位符"单击此处添加副标题"框中输入"制作人：王小明"，设置其字体为"隶书"，字号为"32"，效果如图5-5所示。

图5-5　第一张幻灯片

> 🌸 温馨提示：占位符是演示文稿中一种带虚线或阴影线边缘的矩形框，可以放置标题、正文、图片、图表、视频等对象。占位符中原有的文本并不是系统自动输入的内容，而是对用户的一种提示。只需要单击占位符，这些占位符就会自动消失，并显示出光标，即可输入文本内容。

4. 制作第二张幻灯片

单击"开始"选项卡，在"幻灯片"组中，单击"新建幻灯片"按钮，新建一张幻灯片。在第二张幻灯片的占位符"单击此处添加标题"框中，输入标题"静夜思"，在占位符"单击此处添加文本"框中输入作者及诗的内容，分别设置其字体、字号等，效果如图 5-6 所示。

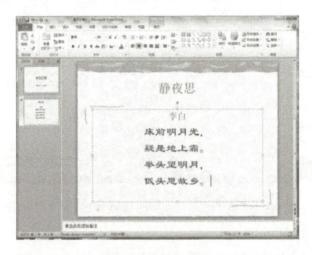

图 5-6　第二张幻灯片

5. 制作第三、四张幻灯片

按照制作第二张幻灯片的方法，制作第三张和第四张幻灯片，内容分别是孟浩然的《春晓》和王维的《杂诗》，如图 5-7 和图 5-8 所示。

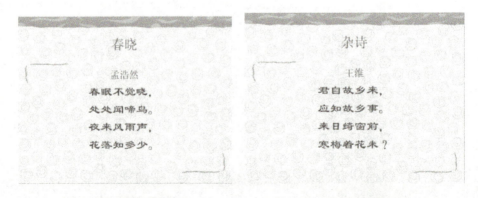

图 5-7　第三张幻灯片　　　　图 5-8　第四张幻灯片

6. 放映幻灯片

按<F5>键或单击"幻灯片放映"选项卡中的"从头开始"按钮,放映幻灯片。

7. 将制作完成的演示文稿保存在计算机里

在 PowerPoint 2010 中,保存的操作方法与 Windows 环境下的其他应用程序一样,有"保存"和"另存为"两种形式,相关操作与 Word、Excel 中相似。

单击快速访问工具栏上的"保存"按钮,弹出"另存为"对话框,如图 5-9 所示,选择保存位置,输入文件名"任务一 古诗欣赏",最后单击"保存"按钮。

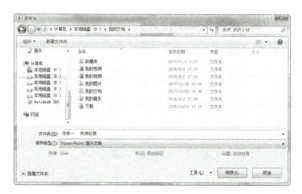

图 5-9 "另存为"对话框

> 温馨提示:PowerPoint 保存文件的类型有演示文稿、演示文稿模板、放映文件、PDF 文件、大纲/RTF 文件、JPEG 图形文件、Windows Media 视频文件等,可根据需要进行选择。

8. 切换到幻灯片浏览视图

单击状态栏右侧视图方式按钮中的"幻灯片浏览"按钮,将演示文稿切换到幻灯片浏览视图,适当调整窗口大小,效果如图 5-1 所示。

9. 退出 PowerPoint

选择"文件"选项卡中的"退出"命令,将关闭所有的文档,并退出 PowerPoint 2010。如果在演示文稿关闭之前,用户对演示文稿做了修改后没有保存,演示文稿将询问用户是否在退出前保存文档。

关闭文件的方法也和 Word 相同,可以选择"文件"选项卡中的"关闭"命令,此时只关闭打开的演示文件,不会退出 PowerPoint 2010。

一、打开 PowerPoint 演示文稿

要编辑已经存在的 PowerPoint 演示文稿,必须先打开该演示文稿。打开方法与 Word、Excel 的方法一样。

二、利用文本框添加文字

在幻灯片编辑窗格中,可以在占位符中输入文字作为一个文字块。如果要在幻灯片其他位置添加文字块,可以使用文本框。文本框有横排文本框和竖排文本框两种。在图 5-10 所示的幻灯片中,三位诗人的简介属于三个不同的文字块,可以插入文本框,把每位诗人的简介分别录入在不同的文本框中,然后移动到合适的位置。

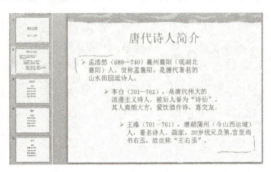

图 5-10　唐代诗人简介

一、实战演练

1. 打开"古诗欣赏"演示文稿,在第一张幻灯片后面,插入幻灯片,内容如图 5-10 所示。
2. 按作者简介顺序调整后面 3 张幻灯片的顺序。

二、小试牛刀

1. PowerPoint 2010 是一个_____制作和展示的软件。
2. PowerPoint 2010 演示文稿的扩展名为_____。
3. PowerPoint 2010 演示文稿的视图模式有_____、_____、_____、_____。
4. 在幻灯片窗格中选中一张幻灯片后按_____键,可新建一个幻灯片。
5. 若要在幻灯片中某个位置输入文字,可先插入_____。

序号	任务评价细则	任务评价结果		
		自评	小组互评	师评
1	快速输入文字,能熟练设置字符、段落格式			
2	熟练掌握幻灯片新建、删除、移动等操作			
3	演示文稿保存			
4	实战演练完成情况			
5	小试牛刀掌握情况			
评价(A、B、C、D 分别表示优、良、合格、不合格)				
任务综合评价				

任务二　会议字幕的制作

本任务主要内容是制作一个会议字幕的演示文稿,其效果如图 5-11 所示。

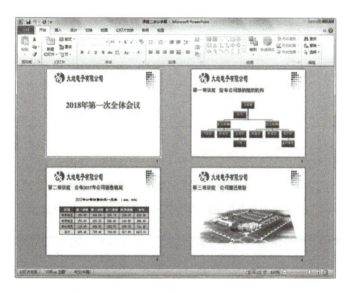

图 5-11　会议字幕的演示文稿

幻灯片中不仅可以输入字符,还可以绘制插图,添加图像、声音、视频等对象,以丰富表现形式。本任务主要内容是制作一个包含 4 张幻灯片的会议字幕演示文稿,如图 5-11 所示。

通过本任务的学习,要达到以下目标:

1)掌握幻灯片母版的编辑方法。

2)掌握在"选择和可见性"窗格中操作对象的方法。

3)掌握艺术字、图像、表格、组织结构图、音频、视频等各种对象的编辑方法。

一、插入对象

幻灯片中所有要插入的对象都可以通过"插入"选项卡中的相应按钮来实现,主要包括表格、图片、形状、SmartArt、文本框、艺术字、视频、音频等。

二、选择对象

要对对象进行编辑,必须先选择对象。

1)选择一个对象最常用的方法就是用鼠标单击。

2)要选择多个对象,可以按住<Ctrl>键后用鼠标依次单击,也可以按住鼠标左键后拖一个矩形区域,将区域内的对象全部选中。

此外,还可以打开"选择和可见性"窗格,在其中选择对象。方法是:

1)单击"开始"选项卡,在"编辑"组中,单击"选择"按钮,在下拉列表中选择"选择窗格"。

2)此时,在幻灯片编辑区的右侧将弹出"选择和可见性"窗格。

3)幻灯片中所有的对象都列表显示在窗格中,用鼠标单击列表中的某一项即可选中该对象。

三、编辑对象

选中某个对象后,在选项卡这一栏的最右侧,会自动显示出该类对象的功能选项卡,根据选择对象的不同,有的对象的功能选项卡只有一个"格式"选项卡,有的包含"格式""布局""设计"等多个选项卡。通过选项卡功能区中的按钮,可对选中对象进行编辑。如图5-12所示,选中一张图片后,在选项卡这一栏中显示出"图片工具/格式"的相关选项卡及功能区。

图5-12 "图片工具/格式"选项卡及功能区

四、对象间的关系调整

对象之间的关系调整指调整它们之间的位置、叠放次序、组合与取消组合等。

五、幻灯片母版

幻灯片母版是幻灯片层次结构中的顶层幻灯片,用于存储有关演示文稿的主题和幻灯片版式的信息,包括背景、颜色、字体、效果、占位符的大小和位置等。

修改幻灯片母版,可以对演示文稿中的幻灯片进行统一的样式更改。如果演示文稿包含许多张幻灯片,则应用幻灯片母版非常方便,可以极大地提高工作效率。对幻灯片母版的编辑在"幻灯片母版视图"下操作。

任务实施

扫码收获更多精彩

1. 新建演示文稿

启动 PowerPoint 2010,自动新建一个空白演示文稿。

2. 设置幻灯片母版

如图 5-13 所示,在幻灯片母版的左上方,插入公司标志,输入公司名称。操作步骤如下:

图 5-13 设置幻灯片母版

1)单击"视图"选项卡,在"母版视图"组中,单击"幻灯片母版"按钮,进入幻灯片母版编辑状态。

2)选中左侧窗格中的第一张幻灯片母版,单击"插入"选项卡,在"图像"组中,单击"图片"按钮,分别插入公司标志图片和背景图片。

3)单击"插入"选项卡,在"文本"组中,单击"艺术字"按钮,选择样式"填充-红色,强调文字颜色2,粗糙棱台"后输入公司名称,单击"开始"选项卡,将字体设置为隶书。

4)单击"绘图工具/格式"选项卡,在"艺术字样式"组中,单击"文本填充"按钮,将主题颜色设置为"紫色,强调文字颜色4";单击"文本效果",选择"转换→弯曲→正方形";在"大小"组中,设置高度"1.5 厘米",宽度"8 厘米"。

5)移动公司标志图片、背景图片和艺术字到幻灯片母版的相应位置。

6)幻灯片母版设置完毕后,单击"幻灯片母版"选项卡,再单击"关闭母版视图"按钮,返回普通视图。

3. 制作第一张幻灯片

在占位符中输入会议名称"2018 年第一次全体会议",设置字体为"方正小标宋简体",字号为"48",然后将其移动到合适的位置,如图 5-14 所示。可单击选中副标题占位符后,按 <Delete> 键将其删除。

图 5-14　会议名称

4. 制作第二张幻灯片

要制作的第二张幻灯片如图 5-15 所示。会议的第一项议程是宣布公司新的组织机构。组织机构通常用组织结构图来表示,具体操作步骤如下:

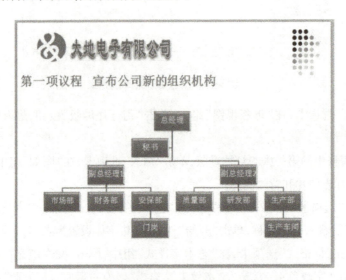

图 5-15　组织机构图

1)在"开始"选项卡的"幻灯片"组中,单击"新建幻灯片"按钮,选择"空白"版式。

2)在"绘图"组中,单击"横排文本框"按钮,绘制一个文本框后,输入"第一项议程　宣布公司新的组织机构",设置为"宋体",字号为"28",加粗,调整好位置。

3)单击"插入"选项卡,在"插图"组中,单击"SmartArt",弹出"选择 SmartArt 图形"对话框。在左侧窗格中选择"层次结构",在右侧窗格中选择"组织结构图",单击"确定"按钮,即可在幻灯片中插入一个基本结构图。同时,在选项卡这一栏中,显示出"SmartArt 工具/设计"和"格式"两个选项卡,如图 5-16 所示。

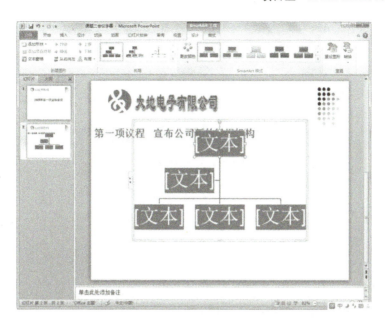

图 5-16 插入一个基本结构图

4)选中结构图最下一层中的一个框图,按下 < Delete > 键,将多余的一个框图删除。在删除框图时,系统会删除相应的连接线。

5)选中最下层左侧的框图,在"设计"选项卡的"创建图形"组中,单击"添加形状"右下角的下拉按钮,在弹出的下拉列表框中,选择"在下方添加形状"命令,即可添加一个下属框图。

6)参照上面的操作,完成整个框图的添加和删除。

7)选中"副总经理"这一层级的框图,在"设计"选项卡的"创建图形"组中,单击"布局"按钮,在弹出的下拉列表框中,选择"标准"版式。

8)分别选中每个框图,输入相应的文字,并设置字体、字号、字符颜色等。

9)选中组织结构图,在"设计"选项卡的"SmartArt 样式"组中,选择"三维"→"优雅"样式。

10)拖动组织结构图的控制块,调整大小后,移动到合适的位置。

> ☞技巧点滴:选择需要美化的 SmartArt 形状,单击"格式"选项卡"形状样式"组中的"形状填充""形状轮廓""形状效果"按钮,可根据需要设置多种样式。

5. 制作第三张幻灯片

要制作的第三张幻灯片如图 5-17 所示。具体操作步骤如下:

1)按 < Ctrl + M > 组合键新建一张与上一张版式(空白版式)相同的幻灯片。

2)插入文本框,输入"第二项议程 公布 2017 年公司销售情况",设置为"宋体",字号为"28",加粗,调整好位置。

3)插入文本框,输入表格标题,设置字体为"隶书",字号为"24"。

图 5-17　第三张幻灯片

4）单击"插入"选项卡中的"表格"按钮，在弹出的"插入表格"对话框中，拖出一个 6×5 的表格。

5）输入表格内容，如图 5-17 所示。

6）选中表格，单击"开始"选项卡，设置字体为"宋体"，字号为"18"。

7）单击"表格工具/设计"选项卡，在"表格样式"组中，单击"边框"下拉按钮，添加"所有框线"。

8）单击"表格工具/布局"选项卡，在"表格尺寸"组中，设置高"6 厘米"，宽"20 厘米"；在"对齐方式"组中，分别单击"水平居中"和"垂直居中"按钮。

9）单击"开始"选项卡，在"编辑"组中，单击"选择"按钮，在下拉列表中选择"选择窗格"，打开"选择和可见性"窗格。单击选中对象列表中的表格，再次单击，给表格对象输入名称"销售表"；选中表格标题文本框，命名为"表格标题"。

6. 制作第四张幻灯片

要制作的第四张幻灯片如图 5-18 所示。具体操作步骤如下：

图 5-18　第四张幻灯片

1)单击左侧"幻灯片浏览"窗格中的第三张幻灯片,按<Enter>键,即在选中的幻灯片后面新建一张与上一张版式相同的幻灯片。

2)插入文本框,输入"第三项议程 公司搬迁规划",设置字体为"宋体",字号为"28",字体加粗。

3)在"插入"选项卡的"图像"组中,单击"图片"按钮,将素材中的规划图选中,然后单击"插入"按钮。图片插入到幻灯片中后,在选项卡这一栏显示"图片工具/格式"选项卡,如图 5-19 所示。

图 5-19 插入图片

4)选中图片,拖动图片四周的控制块调整大小,然后移动到合适位置。

5)单击"图片工具/格式"选项卡,在"图片样式"组中,单击"图片效果"按钮,在下拉列表中选择"三维旋转"→"透视"→"宽松透视"。

7. 保存演示文稿

单击"保存"按钮,以"任务二 会议字幕"为文件名保存该演示文稿。

> ⌒技巧点滴:制作幻灯片时,文字能少则少。相比满页的文字,图表、图画、动画等更加通俗易懂,使人记忆犹新,并且不觉得枯燥,就好比将长篇小说拍成电影,生动形象的PPT 更能提升演示效果。

任务拓展

一、在幻灯片中使用媒体素材

媒体素材包括视频和音频。在幻灯片中使用媒体素材,可以丰富表现形式,使幻灯片更加生动。单击"插入"选项卡,在"媒体"组中,有"视频"和"音频"两个按钮,可分别插入视频和音频。

选中幻灯片中的视频或音频对象后,其工具选项卡包含"格式"和"播放"两项。其"播放"选项卡如图 5-20 所示。通过设置,可以控制播放内容和效果。

图 5-20 "播放"选项卡

二、用"节"管理幻灯片

PowerPoint 2010 可以使用"节"将幻灯片组织成有意义的组,就像使用文件夹组织文件一样,可以将"节"分配给每个同事,明确合作期间的所有权。具体操作方法如下:

1)在普通视图方式下,定位在某页幻灯片上。
2)在"开始"选项卡中,单击"节"并选择"新增节"。
3)此时,缩略图窗格中会多出一个"无标题节"。
4)右击该标题,在弹出的快捷菜单中可对其进行重命名、删除、移动等操作。

一、实战演练

利用提供的素材制作公司简介,效果如图 5-21 所示。

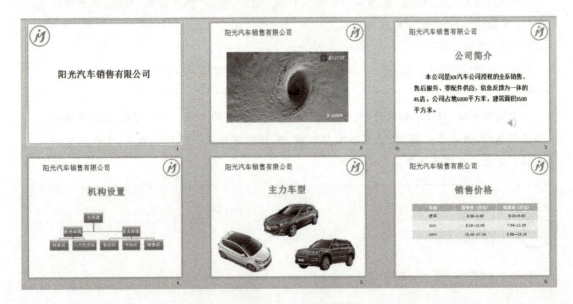

图 5-21 公司简介

二、小试牛刀

1. 幻灯片中除了使用文本对象外,还可以插入_____、_____、_____、_____等多种对象。

2. 要拖动控制块调整艺术字的大小,应先执行文本效果中的_____。

3. 修改标题幻灯片母版,会影响演示文稿中所有使用_____版式的幻灯片。

4. 如果幻灯片中对象多且相互重叠,则可使用_____窗格非常方便地操作对象。

5. 按_____组合键新建一张与上一张版式(空白版式)相同的幻灯片。

 任务评价

序号	任务评价细则	任务评价结果		
		自评	小组互评	师评
1	视图切换及母版编辑			
2	熟练编辑各类对象			
3	版面整体布局美观得体			
4	实战演练完成情况			
5	小试牛刀掌握情况			
评价(A、B、C、D 分别表示优、良、合格、不合格)				
任务综合评价				

任务三　生日贺卡的制作

 任务描述

本任务的主要内容是制作一个生日贺卡的演示文稿,其效果如图 5-22 所示。

图 5-22　生日贺卡的演示文稿

任务分析

对幻灯片的页面进行设置,可以适应不同的显示要求;对幻灯片的背景进行设置,可以美化文稿。为幻灯片中的对象设置动画效果,可以提高幻灯片的趣味性,使幻灯片更加生动活泼,更是制作幻灯片的一项重要内容。

通过本任务的学习,要达到以下目标:
1)掌握幻灯片页面设置方法。
2)掌握幻灯片背景设置方法。
3)掌握幻灯片动画设置方法。

 任务引导

一、设置幻灯片背景

用户可以为幻灯片设置不同颜色、图案或纹理的背景,也可以使用图片作为幻灯片的背景。

单击"设计"选项卡中"背景"组的对话框启动器按钮,可在弹出"设置背景格式"对话框中对幻灯片背景进行设置。选择对话框窗口左侧的"填充",在右侧将显示4种填充模式选项:纯色填充、渐变填充、图片或纹理填充、图案填充。用鼠标单击选择某个选项后,在下方显示相应的选项,可进行具体的设置。各填充模式的相关效果设置如下。

1)纯色:选择一种颜色作为幻灯片背景效果,可调整色彩的透明度。

2)渐变:为幻灯片设置颜色渐变的背景效果。渐变类型分五种:线性、射线、矩形、路径、标题的阴影。

3)图片或纹理:设置由图片平铺构成的纹理背景效果。PowerPoint 2010 提供了 24 种纹理图案,用户可以选择某一图案作为填充对象,也可以选择一张图片文件作为幻灯片的背景填充效果。在这种填充模式下,可选择窗口左侧的"图片更正""图片颜色""艺术效果"进行更细致的设置。

4)图案:设置各种图案的背景效果。PowerPoint 2010 提供了 48 种图案,图案由前景色和背景色共同组成。

> ☞技巧点滴:图案中组成元素的大小是不能改变的,即改变对象本身的大小不会对其中的图案元素的大小产生任何的影响。图案还是原来的大小,只不过在对象变大时,对象框中元素的数目会多一些;对象变小时,图案元素的数目会少一些。

二、幻灯片的动画设置

在 PowerPoint 中,可以为每张幻灯片中的各个对象添加动画效果,包括"进入"动画、"强调"

动画、"退出"动画和"动作路径"动画。

1)"进入"动画指放映幻灯片时,幻灯片中的对象进入放映界面时的动画效果。

2)"强调"动画指放映幻灯片时,强调幻灯片中的对象。

3)"退出"动画指放映幻灯片时,幻灯片中的对象离开放映界面时的动画效果。

4)"动作路径"动画指放映幻灯片时,可使幻灯片中的对象沿着系统自带的或用户自己绘制的路径进行运动。其中,路径中的绿色三角符表示路径起点,红色带竖线三角符表示路径终点。

> 温馨提示:设置动画后会在该对象左侧显示数字,表示该动画在幻灯片中的动画序号,如果对该对象设置了多个动画,则会显示多个数字。对动画排序后,动画序号也随之发生变化。

任务实施

1. 收集贺卡素材

收集制作生日贺卡的素材,如"蛋糕""糖果""冰激凌""气球""礼物盒""白云"等图片和"生日快乐"歌曲等。

2. 新建演示文稿

启动 PowerPoint 2010,自动新建一个空演示文稿,在"幻灯片"组中,单击"版式"按钮,在弹出的列表中选择"空白"版式。

3. 设置贺卡页面

PowerPoint 2010 默认页面"全屏显示(4:3)",与常见贺卡的大小不符,而且显得比较呆板,所以制作贺卡时应自定义演示文稿的页面。

单击"设计"选项卡,在"页面设置"组中单击"页面设置"按钮,弹出"页面设置"对话框,在"高度"和"宽度"编辑框中指定幻灯片的高度和宽度分别是"19.2 厘米"和"9.6 厘米",如图 5-23 所示。

图 5-23 "页面设置"对话框

4. 设置贺卡背景

1)单击"格式"选项卡"背景"组右下角的对话框启动按钮,打开"设置背景格式"对话框,也可以右击幻灯片空白处,在弹出的快捷菜单中选择"设置背景格式"命令。

2)打开"设置背景格式"对话框,如图 5-24 所示,在窗口右侧的填充设置中,选中"渐变填充",其他设置项根据自己的需要进行具体设置。

3)单击"关闭"按钮,完成背景设置。

5. 插入贺卡图片素材

单击"插入"选项卡,在"图像"组中单击"图片"按钮,分别插入"桌面""蛋糕""糖果""冰激凌""气球""礼物盒"和"白云"等素材。

由于幻灯片中对象较多,为了便于操作,打开"选择和可见性"窗格。在窗口的对象列表中依次选中并命名,然后在编辑区中调整该对象的大小、位置。如果一个对象遮挡了另一个对象,则可单击"格式"选项卡排列组中的"上移一层"或"下移一层"按钮,调整对象的叠放次序。在"选择和可见性"窗格的下部也有这两个按钮,如图 5-25 所示。

图 5-24　"设置背景格式"对话框

图 5-25　插入贺卡图片素材后的效果

6. 制作艺术字"Happy Birthday"和制作者敬贺

1)单击"插入"选项卡中的"艺术字"按钮,选择样式为"填充-红色,强调文字颜色2,粗糙棱台",输入"Happy Birthday"。

2)单击"艺术字样式"组中的"文本效果"按钮,选择"转换"→"跟随路径"→"上弯弧"。

3)设置字体为"Script MT Bold",拖动艺术字的控制块,调整大小、形状,移动到适当的位置。

4)插入艺术字"李云飞敬贺",设置相关属性后移动到幻灯片左下角。

7. 为对象添加动画

可以为幻灯片中的文本、图形、声音、图像和其他对象设置动画效果,还可以设置对象的动画顺序,以突出重点,并增强演示文稿的趣味性。创建动画效果的方法如下:

在幻灯片视图下,选择需要添加动画的对象,单击"动画"选项卡,在"动画"组中单击"其他"按钮,在动画列表中选择某个动画效果,如图 5-26 所示。

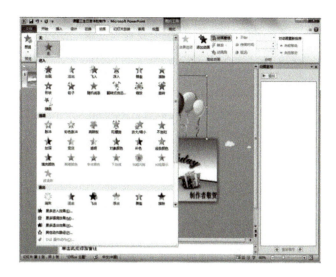

图 5-26　动画效果

为便于操作,在"动画"选项卡的"高级动画"组中,单击"动画窗格"按钮,在幻灯片编辑区的右侧显示"动画窗格"。下面介绍生日贺卡中各对象的动画效果及设置方法。

气球效果:从贺卡底部上升到当前位置。

1)选中气球,单击"动画"选项卡,在"动画"组中选择"飞入"效果。

2)在"动画"组中,单击"效果选项"按钮,在弹出的"方向"下拉列表中选择"自底部"。

3)在"计时"组中,将"开始"设置为"上一动画之后","持续时间"设置为"3 秒"。

白云效果:从右侧呈波浪形慢慢漂移到左侧,循环往复。

1)选中白云,在"动画"组中,单击"其他"按钮,在动画效果下拉列表中,选择"其他动作路径",打开"更改动作路径"对话框,选择"波浪形",如图 5-27 所示。

2)拖动路径的控制块,将路径拉长,终点在幻灯片左侧,高度降低,以减小波浪起伏,最终形状如图 5-28 所示。

图 5-27　选择"波浪形"路径

图 5-28　调整路径形状

3)在动画窗格中,双击动画列表中的"白云",打开动画效果对话框,分别对"效果"和"计时"选项卡进行设置,如图 5-29 和图 5-30 所示。

图 5-29 效果设置

图 5-30 计时设置

蛋糕效果:气球动画结束后,蛋糕以淡出的方式出现在画面中,其设置如图 5-31 所示。

礼物盒效果:蛋糕出现后,礼物盒从幻灯片右侧飞入,其设置如图 5-32 所示。

图 5-31 蛋糕效果设置

图 5-32 礼物盒效果设置

艺术字效果:给艺术字加淡出效果,然后不断变换颜色。其方法是先添加"进入"动画"淡出",如图 5-33 所示。然后在"高级动画"组中单击"添加动画"按钮,选择强调动画"补色",其设置如图 5-34 所示。

图 5-33 艺术字淡出效果

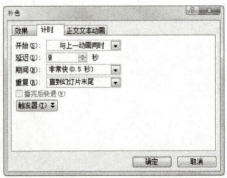

图 5-34 艺术字补色效果

冰淇淋及糖果效果：将冰淇淋及糖果一起选中，设置"进入"动画，效果为"弹跳"。具体设置请参照前面的方法。

棒棒糖效果：设置"进入"动画，效果为"旋转"，一直到动画结束。

右下角艺术字效果：先设置"进入"动画，效果为"飞入"，再添加"旋转"效果，一直到动画结束。

8. 设置背景音乐

背景音乐就是在演示贺卡的同时所播放的音乐。插入声音的操作步骤如下：

1）单击"插入"选项卡，在"媒体"组中单击"音频"按钮，弹出"插入音频"对话框，找到相应的音乐文件后，单击"插入"按钮。

2）在"音频工具/播放"选项卡中，对"音频选项"组的各项设置如下：开始项选择"自动"，选中"循环播放，直到停止"。

3）在幻灯片中，将喇叭图标尽可能地调小，移动到合适的位置上，并把它置于所有对象的最底层隐藏起来。

4）单击"动画"选项卡，在"计时"组中，将"开始"项设为"与上一动画同时"，延迟为"0秒"。

9. 放映贺卡并进行最后的修改

对制作好的贺卡进行放映，单击"观看放映"（或按＜F5＞键）进行播放，以便从中发现不足之处，从而进行最后的修改。

10. 保存演示文稿

单击"保存"按钮，以"任务三　生日贺卡"为文件名保存该演示文稿。

> ☞技巧点滴：当PPT设置很多动画后，可能有人不想看动画。此时，可以单击"幻灯片放映"选项卡的"设置"组中的"设置幻灯片放映"按钮，在弹出的对话框的"放映选项"中勾选"放映时不加动画"，即可一键去除幻灯片所有动画效果。

任务拓展

一、利用"动画刷"快速添加动画

"动画刷"按钮能快速将一个对象上的动画效果复制到另一个对象上，以提高工作效率。其方法与"格式刷"相同。

1）选中已添加了动画效果的对象。

2）单击"动画"选项卡的"高级动画"组中的"动画刷"按钮，此时鼠标指针旁出现一个刷子。

3）单击需要使用动画效果的对象，则将原对象上的动画效果应用到了该对象上。

如果双击"动画刷"按钮，则可以将动画效果复制应用到多个对象上。

二、动画排序

在动画窗格中,列表中的项目是按照制作者给对象添加动画的先后顺序排列的。如果要调整动画的播放次序,则可以对这些项目重新排序。其方法是:选中一个项目后,单击"计时"组中的"向前移动"或"向后移动"按钮即可,这两个按钮也出现在动画窗格下部。

一、实战演练

收集素材,制作一张元旦贺卡,添加图片、文字和音乐素材,并设置合适的动画效果。

二、小试牛刀

1. 动画效果分为_____、_____、_____、_____四类。
2. 在"路径"动画中,绿色三角符表示_____,红色带竖线三角符表示_____。
3. 幻灯片背景填充包括_____、_____、_____、_____四种填充效果。
4. 动画启动播放有_____、_____、_____三种方式,播放速度分为_____、_____、_____、_____。
5. _____按钮能快速将一个对象上的动画效果复制到另一个对象上,以提高工作效率。

序号	任务评价细则	任务评价结果		
		自评	小组互评	师评
1	各类对象大小、位置适当			
2	为对象添加动画			
3	动画效果设置			
4	实战演练完成情况			
5	小试牛刀掌握情况			
评价(A、B、C、D分别表示优、良、合格、不合格)				
任务综合评价				

任务四 中国古典乐器简介的制作

本任务是制作中国古典乐器简介的演示文稿,其效果如图 5-35 所示。

项目五　PowerPoint 2010 应用与操作　189

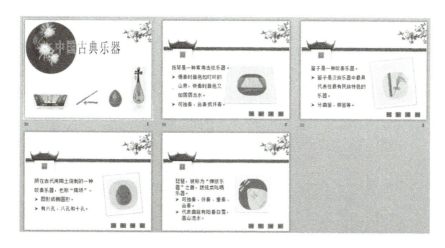

图 5-35　中国古典乐器简介的演示文稿

 任务分析

综合使用掌握的操作技能,制作一个包含五张幻灯片的中国古典乐器简介演示文稿。通过添加动作调整放映次序,添加幻灯片切换效果使视觉效果更加丰富,同时根据不同的放映环境设置放映方式。

通过本任务的学习,要达到以下目标:

1)掌握动作的设置方法。

2)掌握幻灯片切换的设置方法。

3)掌握放映方式的设置方法。

 任务引导

一、创建动作按钮

用户可以将某个动作按钮添加到演示文稿中,然后定义该按钮在幻灯片放映时的作用。创建动作按钮的操作方法如下:

1)选中要添加动作按钮的幻灯片。

2)单击"插入"选项卡,在"插图"组中,单击"形状"按钮,弹出形状列表,如图 5-36 所示。

3)在下拉列表的最下一栏中选择动作按钮形状,然后在幻灯片合适的位置单击鼠标左键,即添加了默认大小的按钮,同时弹出"动作设置"对话框,如图 5-37 所示。

4)在"单击鼠标"选项卡中,采用"单击鼠标"方式执行交互动作;而在"鼠标移过"选项卡中,将采用"鼠标移过"方式进行交互式动作,用户可以根据需要进行相关设置。

相关选项:"超级链接到"将在选定的对象上创建超级链接,链接对象可以是同一个演示文稿中的某一幻灯片,也可以为其他演示文稿。

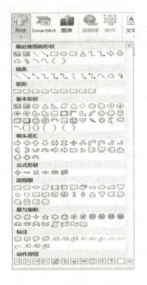
图 5-36 形状列表

图 5-37 "动作设置"对话框

"运行程序"指定要打开的程序路径和名称,将在执行动作时运行该应用程序。

"播放声音"可以选择一种音效。

5)单击"确定"按钮,完成设置。

二、设置幻灯片切换效果

切换效果指在放映幻灯片时幻灯片进入和离开屏幕时的视觉效果。在幻灯片放映过程中,由一张幻灯片切换到另一张幻灯片时,可用多种不同的视觉效果将下一张幻灯片显示到屏幕上。

为幻灯片设置切换方式,可以使幻灯片之间的切换变得平滑、和谐、自然,从而增强演示文稿的播放效果。

三、设置幻灯片放映

根据演示文稿的播放环境,可以设置不同的放映方式,如图 5-38 所示。

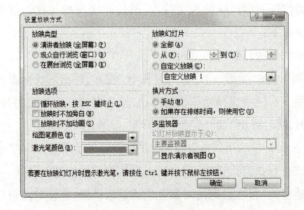
图 5-38 设置放映方式

1)演讲者放映(全屏幕)方式是 PowerPoint 默认的放映类型,以全屏幕形式显示,放映进程完全由演讲者控制,可以用绘图笔勾画,适用于会议或教学等。

2)观众自行浏览(窗口)方式以窗口形式演示,适合于人数较少的场合。

3)在展台浏览(全屏幕)方式以全屏幕形式在展台上做演示,演示文稿自动循环放映,在该方式中不能单击鼠标切换幻灯片,观众只能观看不能控制(交互式方式除外),要终止放映只能按 <Esc> 键,适合于无人看守的场所。在使用该放映方式前可通过"排练计时"设置幻灯片的放映时间。

 任务实施

1. 确定内容,准备素材

古典乐器种类较多,应在制作之前做好准备,可通过互联网收集一些相关的图片和文字素材。

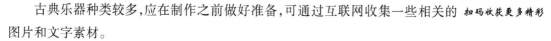
扫码收获更多精彩

2. 新建演示文稿

启动 PowerPoint 2010,自动新建一个空演示文稿。

3. 设置幻灯片母版

通过观察,幻灯片共有的元素包括右上角的"花",除第一张幻灯片外,其余的四张还包括中间的砖墙图片以及右下角的播放按钮,这些对象大小、位置一致,所以可以通过在母版中添加这些元素,以达到在幻灯片中展示这些对象的目的。母版效果如图 5-39 所示。

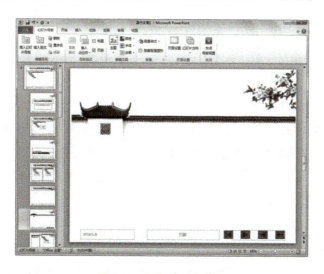

图 5-39 幻灯片母版效果

1)单击"视图"选项卡,在"母版视图"组中单击"幻灯片母版"按钮,进入幻灯片母版编辑视图。

2)在左侧窗格中,单击选中第一张幻灯片。

3)单击"插入"选项卡,在"图像"组中单击"图片"按钮,将素材中的背景花插入到幻灯片中。

4）在"图片工具/格式"选项卡的"大小"组中，设置"宽度"为"6厘米"（锁定纵横比）；在"排列"组中，单击"对齐"按钮，依次选择"顶端对齐"和"右对齐"。

5）在左侧的窗格中，选择"空白"版式幻灯片。

6）单击"插入"选项卡，在"图像"组中单击"图片"按钮，将素材中的背景砖墙图片插入到幻灯片中，适当调整位置。

7）在"插入"选项卡的"插图"组中，单击"形状"按钮，在弹出的形状列表中选择"动作按钮：开始"，在幻灯片中单击鼠标左键，即添加了默认大小的按钮，弹出"动作设置"对话框，不需调整设置，单击"确定"按钮。依次绘制"前进""后退""结束"形状按钮。

8）将这四个动作按钮选中，单击"绘图工具/格式"选项卡，在"大小"组中设置高"0.8厘米"，宽"1厘米"。

9）适当调整最左与最右形状的间隔距离，将这四个动作按钮选中，在"排列"组中，单击"对齐"按钮，分别单击"底端对齐"和"横向分布"，最后将这四个形状按钮拖放到幻灯片右下角的适当位置后，关闭母版视图。

> ☞技巧点滴：为了快速确定演示文稿的整体风格，确定该演示文稿中的配色颜色、背景、字体样式和占位符位置等，可以使用"设计"选项卡中的"主题样式"，从而体现演示文稿的专业水准。

4. 制作第一张幻灯片

1）单击"插入"选项卡，在"图像"组中单击"图片"按钮，将素材中的封面背景、封面扬琴、封面竹笛、封面陶埙、封面琵琶等图片插入到幻灯片中，分别调整大小和位置，并将4种乐器底端对齐、横向分布。

2）插入艺术字，选择"渐变填充-黑色，轮廓-白色，外部阴影"样式，输入标题文字"中国古典乐器"。在"绘图工具/格式"选项卡中，设置"文本填充"为黑色，设置"文本效果"为"转换"→"弯曲"→"正方形"，拖动艺术字的控制块，调整大小后移到合适的位置。

3）选中四种乐器，单击"动画"选项卡，设置"进入"动画"擦除"，在"计时"组中将"开始"设置为"与上一动画同时"。

5. 制作第二张幻灯片

1）新建一张幻灯片，在"幻灯片"组中单击"版式"按钮，应用"空白"版式。

2）单击"插入"选项卡，在"图像"组中单击"图片"按钮，插入素材图片"扬琴"。

3）单击"图片工具/格式"选项卡，在"图片样式"组中单击"松散透视"按钮；单击"大小"组的对话框启动按钮，弹出"设置图片格式"对话框，单击左窗格中的"大小"，设置高为"10厘米"，宽为"9厘米"；单击左窗格中的"位置"，设置距左上角水平为"13厘米"，垂直为"7厘米"。

4）单击"插入"选项卡，插入文本框，输入乐器说明文字，将其字体设置为"宋体"，大小为"28"；调整文本框的宽度，设置行间距为"1.5倍行距"，移到相应的位置。

6. 制作其余的幻灯片

按照制作第二张幻灯片的方法,依次制作介绍竹笛、陶埙、琵琶的幻灯片。

7. 为封面上的乐器图片添加超链接

1)单击幻灯片浏览窗格中的第一张幻灯片,在幻灯片编辑区中,单击选中"扬琴"图片。

2)单击"插入"选项卡,在"链接"组中单击"动作"按钮,弹出"动作设置"对话框。

3)在"单击鼠标"选项卡中,选择"超链接到"→"幻灯片2"。

按照上述方法,依次将竹笛图链接到"幻灯片3"、陶埙图链接到"幻灯片4"、琵琶图链接到"幻灯片5"。

8. 为幻灯片设置切换效果

1)在幻灯片浏览窗格中,单击选中第二张幻灯片。

2)单击"切换"选项卡,在"切换到此幻灯片"组中单击"其他"按钮,弹出切换效果列表,共分细微型、华丽型、动态内容3类,如图5-40所示。

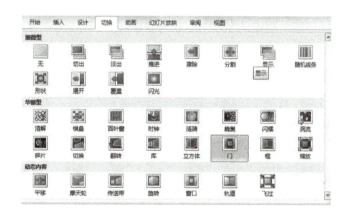

图5-40 幻灯片切换效果列表

3)单击选择"华丽型"中的"涟漪"效果。

按照上述方法,依次为第三至第五张幻灯片设置切换效果。

9. 插入背景音乐

1)选择第一张幻灯片,单击"插入"选项卡,在"媒体"组中单击"音频"按钮,弹出"插入声音"对话框,将素材中的声音文件插入到幻灯片中。

2)单击"音频工具/播放"选项卡,在"音频选项"组中将"开始"项设为"跨幻灯片播放";选中"放映时隐藏"和"循环播放,直到停止"。

3)将喇叭拖到左上角背景图位置,放置在背景图下层。

10. 设置放映方式

单击"幻灯片放映"选项卡,在"设置"组中单击"设置幻灯片放映"按钮,弹出"设置放映方式"对话框,在放映类型中选择"在展台浏览(全屏幕)"。

11. 观看放映

按<F5>键,播放演示文稿,如有不满意的地方可进行修改,直至满意为止。

12. 保存演示文稿

单击"保存"按钮,以"任务四　中国古典乐器"作为文件名保存。

13. 打包演示文稿

为了避免出现其他计算机没有安装 PowerPoint 2010 软件而无法正常播放的情况,可以将演示文稿打包保存。打包演示文稿分为打包成 CD 和打包成文件两种类型。其方法为:在"文件"选项卡的"保存并发送"下拉列表中选择"将演示文稿打包成 CD"命令,弹出"打包成 CD"对话框,在该对话框中选择"复制到文件夹"命令或"复制到 CD"命令可分别将演示文稿打包成文件或打包成 CD。

一、使用排练计时功能设置放映时间

大多数情况下是由演示者手动操作演示文稿并控制其播放的,如果要让其自动播放,则需要进行排练计时,来设置幻灯片切换的时间间隔。操作步骤如下:

1)单击"幻灯片放映"选项卡,在"设置"组中单击"排练计时"按钮,幻灯片从头开始播放,并弹出"录制"工具栏,如图 5-41 所示。

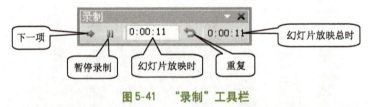

图 5-41　"录制"工具栏

2)如果对幻灯片播放时间满意,就单击"下一项"按钮,播放下一张幻灯片,同时在"幻灯片放映时间"框中重新计时。单击"暂停录制"按钮,则暂时停止计时。如果对当前设置不满意,则可单击"重复"按钮,控制排练计时过程,以获得最佳的播放时间。

3)继续单击"下一项"按钮,直到放映完最后一张幻灯片,此时系统会显示总时间并询问是否保留此次的排练时间,如图 5-42 所示。单击"是"按钮,接受该项时间设置;单击"否"按钮,则重新设置一次。

图 5-42　排练时间

二、对幻灯片切换时间进行调整

除了使用排练计时对每张幻灯片的播放时间进行统一设置,还可以通过"切换"选项卡中的计时功能进行调整。操作步骤如下:

1)选中要设置放映时间的幻灯片。

2)单击"切换"选项卡,在"计时"组中勾选"设置自动换片时间",输入该幻灯片的放映时间。

三、自定义放映

针对不同的放映对象,可以选择不同的放映内容,其方法是使用自定义放映。具体的操作步骤如下:

1)单击"幻灯片放映"选项卡,在"开始放映幻灯片"组中单击"自定义幻灯片放映"按钮,弹出"自定义放映"对话框,如图5-43所示。

2)单击"新建"按钮,弹出"定义自定义放映"对话框,如图5-44所示。

3)在"在演示文稿中的幻灯片"列表框中单击选择要添加到自定义放映的幻灯片,单击"添加"按钮。

图5-43 "自定义放映"对话框

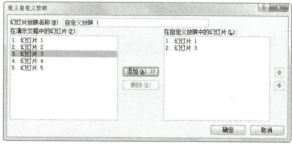
图5-44 "定义自定义放映"对话框

4)在"在自定义放映中的幻灯片"列表框中单击选择不需要放映的幻灯片,单击"删除"按钮。

5)单击"向上/向下"按钮调整幻灯片显示的次序。

6)在"幻灯片放映名称"文本框中输入自定义放映的名称。

7)完成设置后,单击"确定"按钮。

任务考核

一、实战演练

利用样本模版"宣传手册"快速完成幻灯片的制作,然后通过添加动画效果、切换效果,使用排练计时,将幻灯片以展台形式播放。

二、小试牛刀

1. 幻灯片的切换效果分为_____、_____、_____三类。

2. PPT放映类型有_____、_____、_____三种。

3. 通过设置_____,可以针对不同的对象选择放映内容。

4. 按_____键,可从头放映幻灯片;若要快速终止幻灯片放映,可直接按_____键。

5. 添加_____按钮和创建_____链接都可以控制幻灯片的放映顺序,实现幻灯片间的跳转。

序号	任务评价细则	任务评价结果		
		自评	小组互评	师评
1	动作按钮美观,超级链接设置正确			
2	切换效果设置			
3	放映设置			
4	实战演练完成情况			
5	小试牛刀掌握情况			
评价(A、B、C、D 分别表示优、良、合格、不合格)				
任务综合评价				

项目六
网络应用与操作

任务一　接入互联网
任务二　浏览搜狐网并搜索资料
任务三　收发电子邮件
任务四　360 安全卫士的使用

任务一　接入互联网

 **任务描述**

本任务的主要操作是设置网络连接,其效果如图 6-1 所示。

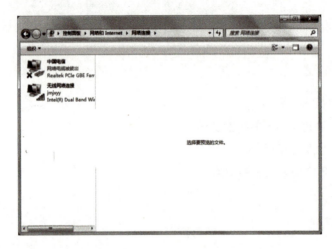

图 6-1　网络连接

 **任务分析**

计算机网络是将不同的计算机连接在一起,从而实现资源共享的系统。本任务的主要内容就是根据用户具体的条件,选择不同的接入方式,将计算机与互联网连接起来,为有效地利用网络资源建立必要的软、硬件基础。

通过本任务的学习,要达到以下目标:

1)了解计算机网络基本知识。

2)掌握接入互联网的方法。

3)学会配置网络协议 TCP/IP。

 **任务引导**

一、网络概述

所谓计算机网络是指将地理位置不同且功能独立的单个计算机通过网络设施连接起来,在网络软件支持下实现资源共享的系统。计算机网络的功能主要体现在四个方面:数据通信、资源共享、提高系统的可靠性、分布式处理。

计算机网络按地理范围可分为局域网(LAN)、城域网(MAN)、广域网(WAN),一般用户接触的网络主要是局域网和互联网(Internet)。Internet是目前世界上最大的广域网。

由Windows组成的对等网是常见的局域网,独立的计算机靠网卡、网线、交换机实现对等连接,网上的单个计算机靠不同的IP地址来区分。IP地址由两部分组成,即网络地址(Network ID)和主机地址(Host ID)。网络地址标识的是Internet上的一个子网,而主机地址标识的是子网中的某台主机。

动态主机配置协议(Dynamic Host Configuration Protocol,DHCP)是一个局域网的网络协议,主要用途是内部网络或网络服务供应商自动分配IP地址和配置信息给用户。

> 温馨提示:IP地址是一个长度为32位的二进制数,分为4段,每段8位,每个段之间用点号隔开,用于标识TCP/IP主机。普通用户在局域网内用自定义的IP地址来区分计算机,在互联网上一般由DHCP服务器在地址池中分配一个动态的IP地址来加以区分。

互联网是网络与网络之间按照一定的通信协议连接成的庞大的国际计算机网络系统。总是有一些骨干计算机使用固定IP地址作为中心服务器连接在互联网上,普通用户可以通过网络服务提供商(Internet Service Provider,ISP)来接入互联网,通常要依靠通信线路(通用或者专用)、网络硬件设备、专用账户来实现互联网的连接。

二、网络连接的硬件基础

一个完整的计算机网络系统是由网络硬件和网络软件组成的。网络硬件指网络中的计算机、传输介质和网络连接设备等。网络软件指网络操作系统、网络通信协议和网络应用软件等。

最基本的网络连接设备就是网卡(有线或无线),它通常以板卡的形式直接集成或者插在计算机主板上。除此以外,带有RJ45型网卡接口的网线、调制解调器、宽带调制解调器(有线或无线)、路由器(有线或无线)、交换机等都是一般用户常用的网络连接硬件设备。

计算机网络按传输介质可分为有线网和无线网。有线介质有光纤、双绞线、同轴电缆等3种,无线介质根据信息所加载的电磁波频率分为无线电波、微波、红外线、激光等。

三、接入互联网的方式

由于计算机用户的地理位置及硬件配置的差异性,所以有很多不同的网络连接方式。普通用户常用的网络连接方式有以下几种。

1. 电话拨号连接

电话拨号方式是用户使用内置或者外置的调制解调器及普通的电话线路实现与异地计算机

的网络连接。由于传输过程中使用的是模拟信号,所以网速不快。进行连接时要进行电话拨号及核对用户名与密码,而且在连接使用时不能使用普通电话功能。

2. 宽带拨号连接

宽带拨号方式包括在传统电话线路基础上的 ADSL 准宽带及光纤到楼、网线进户的宽带方式,是当今使用最为广泛的网络接入方式之一。由于传输过程中是数字信号,所以速度较电话拨号要快得多。开通宽带服务时选择的类型不同,上网速度会有差异。在进行连接时,需核对用户名与密码。

3. 无线网络连接

这种连接方式与宽带连接方式相似,只不过计算机与连接设备间的通信使用了无线传输方式。无线路由器及无线网卡是典型的搭配方式。为保护无线资源,连接时要输入服务集标识(Service Set Identifier,SSID)及网络密钥,以免被盗用。

4. 网关上网

通过网关上网就是局域网内的计算机通过网关形式来接入网络,用户机只需与网关设备处于同一个网段,就形成典型的对等网,只要网关设备接入了网络,则网内的其他计算机均能自由访问网络。这种形式一般理解为"共享上网"。

5. 有线电视网上网

电缆调制解调器主要用于有线电视网进行数据传输。广电部门在有线电视网上开发的宽带接入技术已经成熟并进入市场。

6. 手机上网

为适应移动数据、移动计算及移动多媒体运作需要,目前手机上网使用的是第四代移动通信技术(4G)。第四代移动通信技术包括 TD-LTE 和 FDD-LTE 两种制式。4G 下载速度快,能够快速传输数据、高质量、音频、视频和图像等。目前 5G 也已进入试用阶段。

在控制面板中,单击"网络和共享中心"图标,即可打开"网络和共享中心"窗口,对网络进行配置,如图 6-2 所示。右击桌面上的"网络"图标,执行快捷菜单中的"属性"命令,或者选择系统托盘区中"网络"图标快捷菜单中的"打开网络和共享中心"也都能打开这个窗口。

1. 建立宽带连接

1)如图 6-2 所示,单击右侧窗格"更改网络设置"中的"设置新的连接或网络",出现"设置连接或网络"对话框,如图 6-3 所示。

2)选择"连接到 Internet",单击"下一步"按钮,弹出"连接到 Internet"对话框,如图 6-4 所示。

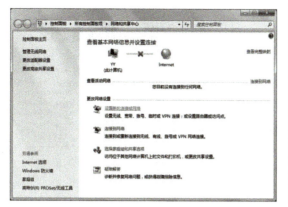 

图 6-2 "网络和共享中心"窗口　　　　图 6-3 "设置连接或网络"对话框

3）单击"宽带(PPPoE)"按钮,在如图 6-5 所示的窗口中,分别输入 ISP 提供的用户名和密码,连接名称改为"中国电信",最后单击"连接"按钮,完成宽带连接。

 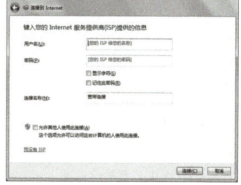

图 6-4 "连接到 Internet"对话框　　　　图 6-5 输入用户名和密码

> **温馨提示**:综合业务数字网(Integrated Services Digital Network,ISDN),又称"一线通",是一个数字电话网络国际标准。它在普通的铜缆上以更高的速率和质量传输数字语音和数据信息。数字用户线路(Digital Subscriber Line,DSL)是一种基于普通电话线的宽带接入技术,在进行数据连接时并不影响正常的通话。基于以太网的点对点通信协议(Point-to-Point Protocol over Ethernet,PPPoE)是一种网络连接协议,支持多台主机连接 ISP 的宽带接入服务器上。

2. 通过网关上网

将具有路由功能的设备作为网关接入互联网后,就可将本地计算机局域网作为一个子网通过网关连接到互联网,使得局域网的所有计算机都能够访问互联网,其关键是配置 TCP/IP。

1）打开"网络和共享中心"窗口。
2）在"查看活动网络"栏中，单击"本地连接"，弹出"本地连接状态"对话框，如图6-6所示。
3）单击"属性"按钮，弹出"本地连接属性"对话框，如图6-7所示。

图6-6　"本地连接状态"对话框

图6-7　"本地连接属性"对话框

4）双击"Internet 协议版本 4（TCP/IPv4）"，弹出"Internet 协议版本 4（TCP/IPv4）属性"对话框，如图6-8所示。选择"使用下面的 IP 地址"，输入各栏的地址。其中，"IP 地址"栏指的是本机的 IP 地址，"默认网关"指的是网关设备的 IP 地址，"子网掩码"一般输入"255.255.255.0"。然后输入可用的 DNS 服务器的 IP 地址。最后单击"确定"按钮，即完成在局域网内通过网关上网的连接设置。

图6-8　配置 TCP/IPv4 协议

> ☞技巧点滴：局域网内的用户要服从网络管理员的管理，IP 地址、子网掩码、默认网关、DNS 服务器地址可向网络管理员索取。

> ☞温馨提示：传输控制协议/因特网互联协议（Transmission Control Protocol/Internet Protocol，TCP/IP）是供已连接互联网的计算机进行通信的通信协议。域名系统（Domain Name System，DNS）就是进行域名解析的服务器，通过域名解析系统解析找到相对应的 IP 地址，从而定位资源。子网掩码（Subnet Mask）又叫地址掩码，用于将某个 IP 地址划分成网络地址和主机地址两部分，必须结合 IP 地址一起使用。

3. 设置无线网络连接

1)正确安装无线网卡硬件及驱动程序后,打开"网络和共享中心"窗口。

2)单击右侧窗格中的"设置新的连接或网络",打开"设置连接或网络"对话框,选中"手动连接到无线网络",单击"下一步"按钮,如图 6-9 所示。

3)在"手动连接到无线网络"对话框中,输入相应的内容,如图 6-10 所示。

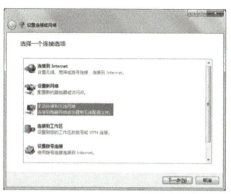 

图 6-9　选中"手动连接到无线网络"　　　　图 6-10　设置无线网络

4)单击"下一步"按钮,完成局域网内通过 Wifi 无线上网的连接。

5)打开"网络和共享中心"窗口,单击"更改适配器设置"选项卡,看到如图 6-1 所示的网络配置。

任务拓展

一、测试网络是否连通

网络连接、设置完成后,要检查网络是否连通,可以用 PING 命令来进行检测。例如,要检查本机到 DNS 服务器(IP 为 211.137.58.20)是否连通,可按以下步骤进行:

1)在"开始"菜单中,单击"运行"命令,打开"运行"对话框,如图 6-11 所示。也可以按<Winkey + R>组合键。

2)输入命令"ping 211.137.58.20 -t",然后按<Enter>键,有返回结果表示网络连通;若无返回结果,则表示网络断开,如图 6-12 所示。

图 6-11　"运行"对话框　　　　图 6-12　检查返回信息

二、设置文件夹共享

网络的一个主要功能就是资源共享,网络建立后,就可以实现文件共享。其操作步骤如下:

1)打开 E 盘,建立一个共享用的文件夹"2018 级计算机一班"。

2)右击该文件夹,在弹出的快捷菜单中,选择"属性"命令,弹出"属性"对话框。

3)单击"共享"选项卡,单击"高级共享"按钮。勾选"共享此文件夹",设置共享名为"共享文件",单击"确定"按钮。

4)单击"共享"按钮,选择"Everyone",单击"添加"按钮,设置共享权限为"读取",单击"共享"按钮,最后单击"完成"按钮。

一、实战演练

配置本机的 TCP/IPv4 协议,建立本机的宽带连接。

二、小试牛刀

1. 计算机网络的主要功能是_____、_____、_____、_____。
2. 计算机网络按地理范围可划分为_____、_____、_____。
3. 计算机网络由_____和_____两部分组成。
4. Internet 中文正式译名为_____,又叫作_____。
5. TCP/IP 是_____的简称。

序号	任务评价细则	任务评价结果		
		自评	小组互评	师评
1	建立宽带连接			
2	设置无线网络连接			
3	配置 TCP/IPv4 协议			
4	实战演练完成情况			
5	小试牛刀掌握情况			
评价(A、B、C、D 分别表示优、良、合格、不合格)				
任务综合评价				

任务二 浏览搜狐网并搜索资料

本任务要达到的效果如图 6-13 所示。

图6-13 用"搜狗"搜索图片

浏览器是上网应用与操作的最主要工具。本任务的主要内容是使用IE浏览网站信息,并用搜索引擎进行检索。

通过本任务的学习,要达到以下目标:
1)了解IE界面。
2)掌握IE的操作方法。
3)掌握IE主页的设置方法。
4)学会搜索引擎的使用方法。

一、Internet Explorer 简介

WWW是英文World Wide Web的缩写,它是一种基于超文本方式的信息查询工具,意思是全球信息网。在互联网上提供WWW服务的计算机称为WWW网站。在WWW网站上,不仅可以传递文字信息,还可以传递图形、声音、影像、动画等多媒体信息。

浏览器是一种为WWW服务的软件,它可以显示超文本标记语言(HTML)文件内容,并让用户与之进行交互。目前常用的浏览器是微软公司的Internet Explorer(简称IE),本任务以IE 9.0为例介绍浏览器的使用。

二、IE 9.0 工作窗口

IE 9.0 的工作窗口如图 6-14 所示,其菜单栏、收藏夹栏、命令栏、状态栏可以通过"查看"菜单设置。

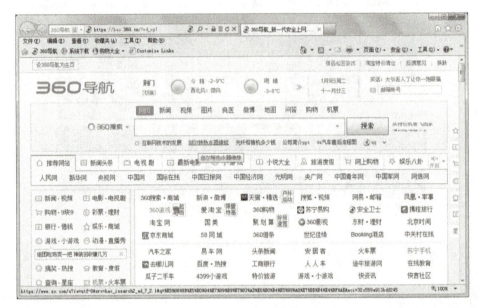

图 6-14　IE 9.0 的工作窗口

1. 地址栏

IE 9.0 的地址栏不再是单一的地址栏,而是由地址栏与 5 个按钮组成。地址栏用来显示当前网页的 URL 地址,输入新的 URL 网址即可导航到相应的网站。搜索、下拉、兼容性视图、刷新、停止 5 个按钮是浏览网页最常用的按钮。

2. 3 个功能按钮

IE 9.0 工作窗口右上角还有 3 个功能按钮。

(1)"主页"按钮　当每次启动 IE 时,会自动打开一个选项卡,选项卡中默认显示主页。单击此按钮,可将当前选项卡中的网页跳转到主页上。

(2)"查看收藏夹、源及历史记录"按钮　单击该按钮,可打开一个列表,包括收藏夹、源和历史记录。收藏夹显示收藏的网站名称,单击可快速访问该网站。

(3)"工具"按钮　单击该按钮,可展开一个子菜单,其中包含了对 IE 的各类设置命令。

3. 菜单栏

菜单栏包括"文件""编辑""查看""收藏夹""工具"和"帮助"6 个菜单项。如果 IE 中菜单栏未显示,可按 <Alt> 键。

4. Web 显示区

Web 显示区显示当前所打开网页的内容。

5. 状态栏

状态栏显示当前 IE 的工作状态,从状态栏中可以了解 Web 页的下载过程和下载进度。

三、浏览网页常用的术语

1. 网页和网站地址

如果把 WWW 看作一个图书馆,那么每一个网站就是这个图书馆中的一本书。每个网站都包含许多画面。进入该网站时显示的第一个画面称为"主页"或"首页",而同一个网站的其他画面称为"网页"。

为了便于用户查找,就像每一间房子都有门牌号码一样,每个网站都有一个代码,称为网站地址,简称网址。例如,搜狐的网址是"http://www.sohu.com/"。

如果用户希望访问某个 WWW 网站中的某个网页,只要在浏览器中输入该网站的网址,便可以看到这个网站的首页。

网页的一个重要特点是,它可以包含若干个能够进入其他网页的"超链接"。在网页中,将鼠标指向一些文字或图片时,鼠标指针会变成 形,这表明此处是一个"超链接"。单击该"超链接",即可进入"超链接"指向的网页。

一个网站的首页相当于该网站的目录或封面,在首页上通常设置了许多"超链接",通过这些"超链接"即可进入该网站的其他网页。

2. 域名、URL、HTTP

互联网上的计算机,无论是服务器还是客户端的计算机,都是基于 TCP/IP 进行通信和连接,要进行区分就需要使用 IP 地址这一特定的身份代码。它是一个长度为 32 位的二进制数,很难记忆,所以又有所谓的域名系统(DNS),将 IP 地址符号化。例如,"www.cctv.com"是中央电视台的域名地址。用户在浏览器的地址栏中输入某个域名,将打开这个域名所指向的网站主页。

统一资源定位符(Uniform Resource Locator,URL)即网页地址,简称网址。它是用户访问网络资源的基本单位。URL 由三部分组成:协议类型,主机名和路径及文件名,它明确指示网页在哪台计算机及该计算机的什么位置。用户在浏览器的地址栏中输入某个网址,将打开这个网址所指向的网页。

超文本传输协议(HTTP)是客户端浏览器或其他程序与网络服务器之间的应用层通信协议。

3. 收藏夹

收藏夹实际上是一个文件夹,用户可以在里面放置以文件形式存在的某些网页或者网站的地址,这些文件里记录着相应的 URL。有经验的用户完全可以像管理计算机文件一样来管理这些地址文件。

4. 链接

可以认为链接是网址的快捷引用指针,它实际上是存在于收藏夹下的一个子文件夹。用于存放那些需要频繁访问的以文件形式存放的网页地址,就好像系统的快速工具栏一样。

5. 历史记录

存放用户近期访问网络的历史记录,可以帮助用户快速地查看曾经打开过的网页内容。因此不仅仅是网页地址,还包括具体的内容。一般存放在 IE 的临时文件夹里,视保留历史记录的多少而占据一定的硬盘存储空间。

四、搜索引擎

网络是信息资源的宝库,由于构成网络的计算机的复杂性,如果仅从接入的角度讲,网络上信息资源完全处于一种无序的状态,它们随机地分布在某个角落。每个接入的计算机只清楚自己开放的那些信息资源,至于其他计算机上有什么资源、在什么位置、如何引用都是一个未知数。再加上网络的资源有丰富的信息种类,有的是文字,有的是图片,有的是声音,有的是影像,有的是文档,有的是程序,甚至同一种类的媒体信息会有不同的文件名,存放数据的不同格式,这些因素就更增加了用户检索的难度。

从数据库的角度出发,要快速地找到想要的记录,往往需要使用索引这一技术。就好比图书馆一样,为本馆的所有图书建立一个档案,记录书籍的名称、作者、出版单位、年代、价格、内容提要、存放地点与位置等特征信息,所以管理员根据这些信息就可以很快地找到某本书籍。

搜索引擎(Search Engine)就是这样一位"管理员",它根据一定的策略、运用特定的计算机程序搜集互联网上的信息,并对信息进行组织和处理,并存放于本站的数据库中,然后为用户提供检索服务。通俗地讲,搜索引擎就是向用户提供专业搜索信息的服务器,如百度、搜狗、谷歌、360搜索等都是常用的搜索引擎。

> 温馨提示:不仅专业的搜索网站才能提供搜索服务,而且绝大部分网站都提供搜索功能,只不过有的仅限于站内的资源。访问网页时只要留心观察就能找到进行搜索的输入框及命令按钮,通常还会有一些设定范围选项可供使用。

任务实施

扫码收获更多精彩

1. 通过输入网址打开网站

浏览搜狐网,也就是访问搜狐网站,其操作步骤如下:

1)双击桌面上的 Internet Explorer 程序图标,启动 IE。

2)在浏览器地址栏中输入"http://hao.360.cn",然后按 < Enter > 键,或者单击地址栏右侧的"➡"(跳转)按钮,打开这个导航网站,如图 6-15 所示。

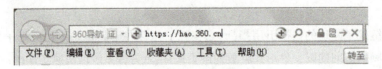

图 6-15　在地址栏中输入网址

导航网站就是一个集合较多网址,并按照一定条件进行分类的网址站,用户可以方便地找到自己需要的网站并打开,而不需要在地址栏中输入网站的地址。

2. 设置浏览器主页

单击命令栏中"主页"右边的下拉按钮,选择"添加或更改主页"命令,弹击对话框,单击选中"将此网页用作唯一主页"后,再单击"是"按钮,将浏览器的主页由原来的空白页改为当前的导航网站,如图6-16所示。

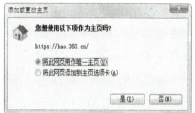

图6-16　将当前网页设置为主页

3. 浏览搜狐网站并收藏

1)在导航网页中找到"搜狐"并单击,即可打开该网站。通过单击相关信息,即可通过超链接打开该信息的网页,如图6-17所示。

2)单击收藏夹栏最左侧的"添加到收藏夹栏"按钮,将当前网页标签放置在收藏夹栏中,以便下次快速单击打开该网页。

图6-17　打开搜狐网

4. 搜索第46届世界技能大赛的图片资料

1)单击搜狐网主页上部的搜索按钮,打开"搜狗"网站。

2)在搜索对话框中输入"第46届世界技能大赛",单击"搜索"按钮。

3)单击信息分类栏中的"图片",窗口中显示搜索到的图片,如图6-13所示。

4)拖动滚动条,找到需要的图片后,右击,在快捷菜单中选择"图片另存为",将图片保存到计算机中。

如果要使用多个条件进行更精确的搜索,可以使用搜索引擎的"高级搜索"。

一、IE的设置

IE的设置功能都由"Internet 选项"对话框实现。"Internet 选项"对话框如图6-18所示。打开"Internet 选项"对话框的方法有很多,最常见的方法有三种。

方法一：在 IE 打开状态下，执行"工具"菜单下的"Internet 选项"命令，可以打开"Internet 选项"对话框。

方法二：用鼠标右键单击桌面上的 IE 图标（注意不是 IE 的快捷方式），在弹出的快捷菜单中选择"属性"命令，也可以打开"Internet 选项"对话框。

方法三：单击 Windows 7 "控制面板"中"网络和 Internet"对话框中的"Internet 选项"图标，也可以打开"Internet 选项"对话框。

1. 设置 IE 的主页

每次启动 IE 时，默认打开的网页称为 IE 的默认主页。如图 6-18 所示，在"Internet 选项"对话框的"常规"选项卡中，第一项就是主页的设置，在此可根据情况设置 IE 主页。

图 6-18 "Internet 选项"对话

2. 删除临时文件和历史记录

频繁使用 Internet 上的不同资源，会造成 IE 保存的临时文件增多，磁盘空间的浪费和网络性能的下降。为此，IE 提供了临时文件管理和历史记录管理功能。

"Internet 选项"对话框的"常规"选项卡中的"删除"按钮用于删除上网时产生的临时文件；"设置"按钮用来改变临时文件夹的位置及可使用的临时存储空间的大小和访问网页时的模式等。

> 温馨提示：Cookie 是用户访问某些网站时网站留下的存放个人特征信息的一个小文件，以便回访时再次利用，如账号、ID、访问网站的次数、时间、进入路径等，都是一种隐私信息。它在某种程度上已经危及用户的隐私和安全。

此外，还可根据需要来设置 IE 浏览器关于安全、隐私、内容、连接、程序等方面的内容。

二、物联网、云计算及大数据

1. 物联网

物联网指通过各种信息传感设备，实时采集任何需要监控、连接、互动的物体或过程等各种需要的信息，与互联网结合形成的一个巨大网络。其目的是实现物与物、物与人，所有的物品与网络的连接，方便识别、管理和控制。物联网就是物物相连的互联网，是互联网的应用拓展。

2. 云计算

云计算是基于互联网技术的一种服务模式，这种模式提供可用的、便捷的、按需的网络访问，进入可配置的计算资源共享池（资源包括网络、服务器、存储、应用软件、服务），这些资源能够被快速提供，只需投入很少的管理工作，或与服务供应商进行很少的交互。其主要特征是超大规模、虚拟化、个性化、面向大众、随时随地提供信息服务。

3. 大数据

大数据指无法在一定时间范围内用常规软件工具进行捕捉、管理和处理的数据集合,具有数据量巨大、数据结构复杂、处理分析难度大等特性,其特色在于对海量数据进行分布式数据挖掘。从技术上看,大数据与云计算的关系就像一枚硬币的正反面一样密不可分,大数据无法用单台的计算机进行处理,必须依托云计算的分布式处理、分布式数据库和云存储、虚拟化技术。

任务考核

一、实战演练

制作以"中国与世界技能大赛"为主题的PPT,有关素材请从网上搜索。

二、小试牛刀

1. 浏览器是一种为_____服务的软件,它可以显示_____标记语言(HTML)文件内容,并让用户与之进行交互。

2. URL是_____的简称,它是访问网络资源的_____。

3. 若要在网上搜索与"时尚"相关的信息,只需打开百度,在搜索框中输入_____,然后_____,就可以搜索到与"时尚"相关的信息。

4. Cookie是用户访问网站时网站留下的存放_____的一个小文件。

5. 常用的搜索引擎有_____、_____。(任写两个)

任务评价

序号	任务评价细则	任务评价结果		
		自评	小组互评	师评
1	浏览器的操作			
2	浏览器属性设置			
3	使用关键字进行搜索			
4	实战演练完成情况			
5	小试牛刀掌握情况			
评价(A、B、C、D分别表示优、良、合格、不合格)				
任务综合评价				

任务三 收发电子邮件

任务描述

本任务要达到的效果如图6-19所示。

图 6-19　用免费邮箱收发邮件

 任务分析

本任务的主要内容是利用网络提供的服务功能,申请免费的电子邮箱,接收、发送电子邮件。通过本任务的学习,要达到以下目标:

1) 了解电子邮件基本知识。
2) 学会申请免费电子邮箱。
3) 掌握收发电子邮件的操作方法。

 任务引导

一、电子邮件简介

电子邮件是 Internet 提供的服务之一。电子邮件翻译自英文的 electronic mail,简称 E-mail,它可以通过电子通信系统进行信件的书写、发送和接收。通过电子邮件系统,用户可以用非常低廉的价格,以非常快速的方式,与世界上任何一个角落的网络用户联系,这些电子邮件可以是文字、图像、声音等各种形式。正是由于电子邮件的使用简易、投递迅速、收费低廉、易于保存、全球畅通无阻等特点,使得电子邮件被广泛地应用,它使人们的交流方式得到了极大的改变。

二、电子邮箱地址(邮箱账号)

E-mail 像普通的邮件一样,也需要地址。每个电子邮箱都有自己特定的邮箱地址,一个完整的 Internet 邮件地址由以下两个部分组成,格式如下 "loginname@ full host name. domain name",即 "登录名@服务器名. 域名",中间用一个表示"在(at)"的符号"@"分开,符号的左边是登录名,右边是完整的服务器名,它由主机名与域名组成。

三、邮件系统传输协议

简单邮件传输协议(Simple Mail Transfer Protocol,SMTP)属于 TCP/IP 协议族,它保证邮件从

一个邮件服务器传递到另一个邮件服务器,是发送邮件的协议。SMTP 服务器就是遵循 SMTP 协议的发送邮件服务器,是用来发送或中转发出的电子邮件。

邮局协议的第三个版本(Post Office Protocol 3,POP3)保证用户可以从邮件服务器上将邮件下载到本地计算机。POP3 服务器是遵循 POP3 协议的接收邮件服务器,是用来接收电子邮件的。

四、电子邮件工作过程

电子邮件的工作过程遵循"客户端-服务器"模式。发件人编辑完毕电子邮件,单击"发送邮件"命令后,先发送给当地的邮件服务器(发件服务器 SMTP),SMTP 服务器收到客户送来的邮件,根据收件人的邮件地址发送到对方的邮件服务器(收件服务器 POP3)中。收件服务器 POP3 接收发件服务器 SMTP 发来的邮件,并根据邮件地址分发到收件人的电子邮箱中,这样收件人可通过自己的电子邮箱来读取邮件,并对它们进行相关的处理,如图 6-20 所示。

图 6-20　电子邮件工作过程

下面以搜狐免费邮箱为例,介绍搜狐免费邮箱的开通和使用。

1. 快速申请免费邮箱

打开"搜狐"主页,单击窗口顶端右上角的"搜狐邮箱"按钮,打开登录页面,单击登录窗口最下面的"现在注册",弹出注册窗口,如图 6-21 所示。

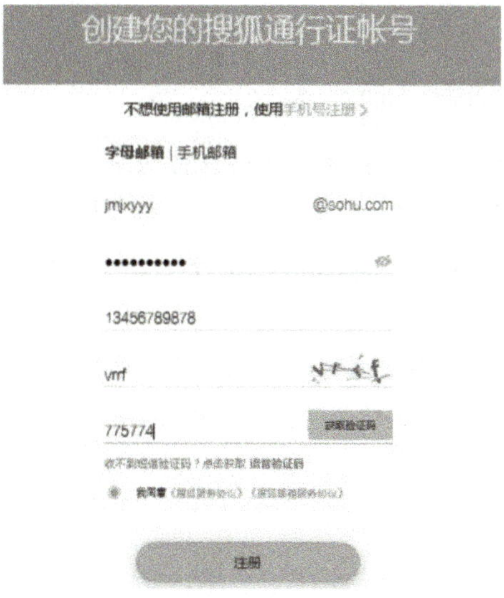

图 6-21　申请免费邮箱

按要求输入用户名、密码等信息，输入手机号获取验证码后，单击"注册"按钮完成，进入邮箱管理界面，如图 6-22 所示。

图 6-22　邮箱空间

2. 用免费邮箱收、发邮件

单击"收信"可以刷新是否有新的邮件，然后进入"收件箱"查收邮件。

单击"写信"可以打开邮件编写窗口，如图 6-19 所示，"收件人"填写接收邮件的邮箱地址，写上必要的主题及信件的具体内容，还可以上传一定容量的附件，单击"发送"按钮即将这封邮件按指定邮箱地址发送。

一、谨慎对待邮件里的附件

附件为用户传送文档提供了方便，但也为不法之徒留下了可乘之机。由于邮件本身并不能识别附件，所以使用者在打开附件的时候要仔细辨识。特别是一些来历不明邮件的附件更是要谨慎对待，在打开和执行附件内容之前，要进行病毒及"木马"检查。

> 温馨提示：病毒并不一定只会藏身在可执行的文件里，图片、网页、视频、Word 文档等文件里也可能包含有恶意的代码或者捆绑了木马病毒。

二、网盘

网盘，又称网络 U 盘、网络硬盘，是由互联网公司推出的在线存储服务。服务器机房为用户划分一定的磁盘空间，为用户免费或收费提供文件的存储、访问、备份、共享等文件管理功能，并且拥有高级的世界各地的容灾备份。

用户可以把网盘看成一个放在网络上的硬盘或 U 盘,不管是在家中、单位或其他任何地方,只要连接到 Internet,就可以管理、编辑网盘里的文件。不需要随身携带,更不怕丢失。例如,百度网盘提供离线下载、文件智能分类浏览、视频在线播放、文件在线解压缩、免费扩容等功能。用密码分享网盘中的大文件夹,对方接收文件速度往往比电子邮件更快、更方便。

一、实战演练

在腾讯网上注册免费 QQ 邮箱,进入邮箱空间,给你的朋友发封电子邮件,并添加一张照片为附件。

二、小试牛刀

1. 电子邮箱的地址格式的中间用一个表示"在(at)"的符号"@"分开,符号的左边是_____,右边是由_____与_____组成。
2. 邮件传输系统使用_____协议和_____协议。
3. 电子邮件若要发送一些多媒体文件,可选择使用_____。
4. 要发送电子邮件,应在"收件人"填写接收方的_____。
5. 对于一些来历不明邮件的附件,_____随便打开和执行附件内容。

序号	任务评价细则	任务评价结果		
		自评	小组互评	师评
1	电子邮件基础知识			
2	申请免费电子邮箱			
3	收发邮件			
4	实战演练完成情况			
5	小试牛刀掌握情况			
评价(A、B、C、D 分别表示优、良、合格、不合格)				
任务综合评价				

任务四 360 安全卫士的使用

本任务要达到的效果如图 6-23 所示。

图 6-23　360 安全卫士操作界面

网络为用户提供了宽广的舞台与精彩的资源,但也给别有用心的人提供了隐身的空间。保护自己的计算机,保护自己的隐私在网络世界里显得格外重要。本任务的主要内容就是利用免费的 360 安全卫士软件来防护计算机,为正常的工作提供一种保护。

通过本任务的学习,要达到以下目标:

1) 了解影响计算机安全的基本知识。
2) 学会 360 安全卫士的操作方法。

一、网络安全问题

信息安全指保护信息系统或信息网络中的信息资源免受各种类型的威胁、干扰和破坏。按照国际标准化组织的定义,信息安全的含义主要指信息的完整性、可用性、保密性和可靠性。

随着计算机技术的飞速发展,信息网络已经成为社会发展的重要保证,有很多是敏感信息,甚至是国家机密,所以难免会吸引来自世界各地的各种人为攻击(如信息泄露、信息窃取、数据篡改、数据删添、计算机病毒等)。同时,网络实体还要经受诸如水灾、火灾、地震、电磁辐射等方面的考验。

从世界范围看,网络安全威胁和风险日益突出,并日益向政治、经济、文化、社会、生态、国防等领域传导渗透。我们要以"树立正确的网络安全观"为指引,以安全保发展、以发展促安全,构筑起坚实的网络空间安全屏障,与全世界一道,共同构建网络空间命运共同体。

1994 年 2 月,我国颁布了《中华人民共和国计算机信息系统安全保护条例》。

2017年6月1日,《中华人民共和国网络安全法》正式施行。

二、计算机病毒

计算机病毒本质上仍然是一种计算机应用程序,与正常的计算机程序相比,突出的地方是它有隐藏性、传染性、攻击性、破坏性等特点。它通常以隐蔽的形式存在于用户的计算机,随时随地寻找获得控制系统资源的机会,从而复制自己,实施特定的破坏功能。轻则干扰用户的正常操作,大量占用系统资源,降低计算机的工作效率,造成网络瘫痪与阻塞;重则盗取用户资料,毁坏用户的计算机文件及系统,造成财产损失。

计算机病毒主要通过计算机网络进行传播,其次是通过移动存储设备来传播。历史上的蠕虫病毒、CIH 病毒、"熊猫烧香"病毒、勒索病毒等,都曾经造成巨大的经济损失。现在流行的各种木马病毒、"钓鱼网站"更是频繁作案,给网民造成了非常巨大的烦恼与痛苦。发现并及时清除这些恶意的程序,拒之于门外是计算机使用安全的基本要求。

三、计算机漏洞

计算机漏洞是在硬件、软件、协议的具体实现或系统安全策略上存在的缺陷,从而可以使攻击者能够在未授权的情况下访问或破坏系统。不法者或者计算机黑客利用漏洞,通过植入"木马"、病毒等方式攻击或控制整个计算机,从而窃取计算机中的重要资料和信息,甚至破坏整个系统。计算机的漏洞既包括单个计算机系统的脆弱性,也包括计算机网络系统的漏洞。

发现漏洞后,可以通过加装漏洞补丁的形式来将这些缺口堵上,但谁也不敢保证是否会暴露出新的漏洞,所以必须每天更新并打上相应的补丁。

> ☞技巧点滴:除了谨慎以外,给自己的计算机系统打好漏洞补丁,尽可能减少计算机系统的漏洞才是远离病毒的根本办法。

360 杀毒软件具有查杀率高、资源占用少、升级迅速等优点,可快速、全面地诊断系统安全状况和健康程度并进行精准修复。

扫码收获更多精彩

360 安全卫士是一款由奇虎 360 推出的免费计算机安全杀毒软件,因其功能全面、方便实用,目前拥有大量用户使用。360 安全卫士拥有查杀木马、清理插件、修复漏洞、计算机体检、保护隐私等多种功能。默认情况下,360 安全卫士在计算机启动的时候自动运行,否则将失去保护作用。

360 杀毒软件侧重于对计算机进行专业杀毒,360 安全卫士侧重于对计算机进行日常防护。本任务将以 360 安全卫士为例介绍对计算机的安全维护。

1. 对计算机进行"体检"

单击"电脑体检"选项卡,单击"立即体检"按钮,360 安全卫士即开始对计算机进行检查,窗口上部显示有体检评分和检查进度,下部显示检查项目。检查完毕后会给出操作建议,并可对检测出的问题"一键修复",如图 6-24 所示。

图 6-24 计算机检查结果

2. 查杀木马

切换到"木马查杀"选项卡,提供了"快速查杀""全盘查杀""按位置查杀"三种查杀方式。推荐使用"快速查杀",扫描结束后显示结果,如图 6-25 所示。

图 6-25 木马扫描结果

3. 计算机清理

这个功能与系统附件里的"磁盘清理"类似,只不过它针对的是整个系统而不是某个磁盘。选择"电脑清理"选项卡,窗口中显示"全面清理"和"单项清理"供用户选择,如图 6-26 所示。

图 6-26　计算机清理

4. 系统修复

切换到"系统修复"选项卡,窗口中显示"全面修复"和"单项修复"供用户选择。扫描结束后,显示扫描结果,并给出修复建议。

5. 优化加速

"优化加速"可提升开机、运行速度,同时优化网络配置,磁盘传输效率,全面提升计算机性能。优化后的结果如图 6-27 所示。

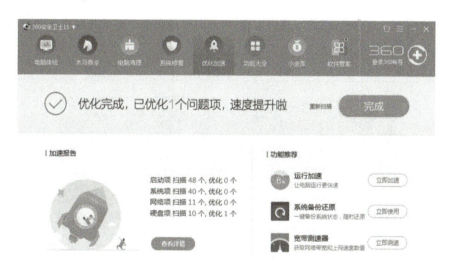

图 6-27　系统优化加速

6. 用"功能大全"中的宽带测速器测试网速

"功能大全"列表显示了 360 安全卫士提供的一系列实用工具,如宽带测速器可以用来测试网速。

切换到"系统修复"选项卡,在窗口中找到"宽带测速器"并单击运行,如图 6-28 所示。测试结束后,分析并显示结果,如图 6-29 所示。

图 6-28　网速测试

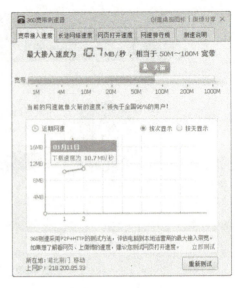
图 6-29　结果分析

任务拓展

一、360 安全防护中心设置

360 安全防护中心将原版中的木马防火墙、网盾和保镖 3 个功能模块集成在一起，它能对计算机系统进行实时动态防护。

1）打开 360 安全防护中心，其界面如图 6-30 所示。

图 6-30　360 安全防护中心

2）单击右上角的"安全设置"按钮，打开"360 设置中心"对话框，如图 6-31 所示。用户可根据需要对各选项进行设置。

图 6-31　安全防护中心设置

3）单击主界面中的防护层查看按钮，展开各防护层的防护状态，用户可对其防护状态（开启或关闭）进行设置。

二、浏览器插件

IE 是一个开放的应用软件，为强化浏览器的功能，微软使用了"插件"技术来使第三方能开发出符合浏览器挂接规范的功能模块，从而用来处理特定的事件及文件类型。当然这一开放的技术也会被怀有恶意的人所利用，恶意的插件应运而生。对插件进行甄别，清除掉不怀好意的插件是保证上网畅通与安全的基础。

任务考核

一、实战演练

下载 360 安全卫士最新版，并安装在计算机上；设置 360 安全卫士开机即运行并自动升级，每天首次使用 360 安全卫士时进行"电脑体检"；检查系统漏洞并安装漏洞补丁。

二、小试牛刀

1. 按照国际标准化组织的定义，信息安全的含义主要指信息的_____、_____、保密性和可靠性。

2. 计算机病毒本质上是计算机应用_____，它具有_____、_____、_____、_____等特点。

3. 计算机漏洞是在_____、_____和协议的具体实现或系统安全策略上存在的缺陷。

4. 计算机病毒主要通过计算机_____进行传播，其次是通过_____设备来传播。

5. 360 安全卫士拥有_____、_____、修复漏洞、电脑体检、保护隐私等多种功能。

序号	任务评价细则	任务评价结果		
		自评	小组互评	师评
1	了解计算机病毒基本常识			
2	掌握360安全卫士的基本操作			
3	能下载杀毒软件对计算机进行防护			
4	实战演练完成情况			
5	小试牛刀掌握情况			
评价(A、B、C、D分别表示优、良、合格、不合格)				
任务综合评价				

参 考 文 献

[1] 魏海新,等. 大学计算机应用基础教程[M]. 北京:地质出版社,2007.
[2] 周大勇. 计算机应用基础项目教程[M]. 北京:机械工业出版社,2011.
[3] 人力资源和社会保障部教材办公室. 中文版 Windows 7 基础与应用[M]. 北京:中国劳动社会保障出版社,2011.
[4] 周南岳,蔡文. 计算机应用基础教学参考书(Windows 7 + Office 2010)[M]. 3 版. 北京:高等教育出版社,2014.
[5] 原旺周,洪兰法. 计算机应用项目教程(Windows 7 + Office 2010)[M]. 北京:机械工业出版社,2017.